当代设计卓越论丛
许　平　主编

江苏省高校优势学科建设工程资助项目(PAPD)

京　都　玉　作

——中国北方玉作文化研究

苏　欣　著

东南大学出版社
·南京·

图书在版编目(CIP)数据

京都玉作 : 中国北方玉作文化研究 / 苏欣著. —
南京 : 东南大学出版社, 2016.1
(当代设计卓越论丛 / 许平主编)
ISBN 978-7-5641-6171-2

Ⅰ.①京… Ⅱ.①苏… Ⅲ.①玉石—文化研究—中国
Ⅳ.①TS933.21

中国版本图书馆 CIP 数据核字(2015)第 274889 号

京都玉作——中国北方玉作文化研究

著　　者: 苏　欣
责任编辑: 许　进
出 版 人: 江建中
出版发行: 东南大学出版社
社　　址: 南京市四牌楼 2 号　邮编:210096
经　　销: 全国各地新华书店
印　　刷: 南京玉河印刷厂
版　　次: 2016 年 1 月第 1 版
印　　次: 2016 年 1 月第 1 次印刷
开　　本: 889mm × 1194mm　1/32
印　　张: 8.25
字　　数: 203 千字
书　　号: ISBN 978-7-5641-6171-2
定　　价: 40.00 元

本社图书若有印装质量问题,请直接与营销部联系。
电话:025 - 83791830

序

工业革命以来，尤其是20世纪百年以来的世界政治、经济、文化格局，在21世纪的短短十数年间正在悄然发生变化。全球生态的危局、全球通信的扩张、全球贸易的衰减这些激荡不已的因素，将发展获利的对立以及发展途径的冲突以更为现实的方式摆到世界面前。以国际化、自由化、普遍化、星球化四大趋势为标志的全球化进程，因为其“超越民族—国家界限的社会关系的增长”[①] 而备受争议，同时也更加激起源自文化多样性及文明本性思考的种种质疑。尤其是全球化过程所隐含的“西方化”、“美国化”甚至“麦当劳化”等强势文化因素，不仅将矛盾纷争引向深入，而且使得这个以去地域化的贸易竞争、信息掌控为标志性手段的现代化过程，日益明显地演变为一场由技术而至经济、由政治而至民生的“文明的冲突”。

现代文明的矛盾与现代设计的发展有着深刻的内在关系。人类文明的多元性在历史上从来都是以生产方式的在地性与生活体

---

① Jan Aart Scholte. 全球化//［英］罗兰·罗伯逊（Roland Robertson），［英］杨·阿特·肖尔特（Jan Aart Scholte）. 全球化百科全书. 伦敦：路特利支出版社（Routledge），2006；中文版·南京译林出版社，2011：525.

验的情境性为基本特征而存在的，而现代设计从一开始就以适应抽象化的工业生产体系为主旨，以脱离传统的文化变革、审美重建为目标，因此它与一种“解域化”（Deterritorialization）的生产发展之间有着几乎天然的策略联盟甚至需求共振。这种贯穿于形式表层及评判内核的价值重构，加剧了当代生产与设计中“文化与地理、社会领域之间的自然关系的丧失”①。它意味着，现代设计与全球生产经贸的同步在促使生产中的情境体验消解于无形的同时，催生了一种超越地域约束的标准与语境，而对于传统羁绊的摆脱，则进一步促使现代设计进入全球经营模式，在无限接近商业谋利的同时与20世纪汪洋恣肆的消费文化狂潮结盟。这使得本来担负着文明的预设与生活价值重建责任的现代设计，事实上需要一种与商业谋利及资本合谋划清泾渭的理论清算。毫无疑问，进入21世纪以来的现代设计一方面面临着前所未有的全球扩展，另一方面则面临一系列必须予以及时反思与价值澄清的重大课题。今天，这种反思在全球范围逐渐推开，从设计本体的价值观、方法论、思维与管理模式，一直延伸至与设计相关的社会、经济、文化、审美等一系列跨领域的研究。

中国设计问题的复杂性事实上与这个历史过程结为一体。在中国，现代设计从手工生产时代逐渐剥离并成为一种独立的文化形态，其间经历了两次意义重大的发动期。第一次产生于20世纪初，一批沿海新兴城市开始兴起最初的工商业美术设计实践；第二次发动产生于20世纪中期，来自设计高校的教育力量通过

---

① Néstor Gartía Canclini. 混杂文化//［英］罗兰·罗伯逊（Roland Robertson），［英］杨·阿特·肖尔特（Jan Aart Scholte）. 全球化百科全书. 伦敦：路特利支出版社（Routledge），2006；中文版·南京译林出版社，2011：306.

本次发动奠定了中国现代设计及设计教育的基本格局，并将其延展至制造、出版、出口贸易等领域。其间尽管由于中国社会的沉沦波折而历经坎坷，但总体而言，两次发动深刻地影响并规定着中国现代设计发生及发展的历程，今天则或许正迈入第三次历史性发动的进程。应当说，中国设计在这个过程中所呈现的创造性活力与其暴露的结构性缺陷同样明显，并且同样未曾得到应有的总结与澄清。尤其值得注意的是，现代设计的强势输入，隐含着忽略中国自身问题研究的危险。改革开放以来的很长时段内，中国设计界不少的精力投于引介西方的工作中，毫无疑问这些工作为推进中国设计的成长作出了积极的贡献；但是一旦设计开始与中国社会的实践密切结合，设计问题本身的国际因素以及国情的介入，都将使设计发展的路径更加扑朔迷离，仅以单纯的模仿已经不能适合新的发展需要，而这正是长期以来以西方设计的逻辑与方法简单应对中国实践而成果往往并不理想的原因所在。

因此，在继续深入引介与学习国际经验的同时，一个主动思考中国设计发展方向与战略、价值与方法，主动研究中国设计现实问题与未来走向的时代已经开启。这种开启的现实背景正是：中国已经成为世界第二大经济体，并正在向第一大经济体迈进，中国经济的任何不足都将成为世界的缺陷，中国文化的任何迷误都将加深世界发展的困局，这一逻辑将同样适用于：中国设计的未来足以影响全球化进程的未来。

近年来，一批以这种研究为目标的阶段性成果已经开始从国内学者中凸显。本套“卓越论丛”也因上述背景及实践的发展应运而生。本论丛以当代中国最重要及最敏感的设计问题研究为导向，以全球化理论框架为参照，以事关中国现代设计发展的基础理论、方式方法、思维导向、管理战略、教育比较等广泛议题为范畴，以民生福祉为圭臬，集中当代学者智慧，撷取一批研究成果予以结集出版。

论丛名为“卓越”，既抱有在世界设计发展的格局中创造卓越、异军突起的期冀，也包含着在中国治学传统的氛围下锥指管窥、见微知著的寄寓。无论是写与读的面向，论丛都以设计的青年为主体；在选题上，将尽力展现鲜活、敏锐的新思维特色。要指出的是，设计问题领域广泛，关涉细琐，加之长期缺乏基础理论建设，许多现实中的设计问题往往积重难返，一项研究并不足以彻底解决问题。本论丛选题皆不求毕其功于一役，仅期望一项选题就是一个思想实验、学术履新的平台，研究中能够包含扎实、细致与差异化的工作，以逐步推广研究中国问题的勤学之风、思考之风。期望以此为契机，集合一批年轻的朋友，共同开创这片思想的天地，共同灌溉这株学术的新苗，共同回应我们肩负的、可能影响民族未来的历史的寄予。

谨以此序与诸君共勉。

许平　谨识于望京果岭里

2010. 4—2014. 4

前　言

在中国的工艺美术传统中，玉在文化传播方面有着特殊的标志性意义，治玉工艺似乎也比其他工艺更为显著地传递着一种含蓄、深邃且饱含超越性的精神。国人对于玉往往怀有一种崇高而神秘的复杂情感。对于成作玉件来说，实用价值几乎可以忽略不计，其经济价值也往往只是市场附加其上，但是治玉过程中与玉相关的各种灵幻感受和神奇故事却往往令人神往且津津乐道。治玉工艺的这种特殊性，是由其精神及文化价值所决定的。真正推动治玉工艺传承的力量，是深藏于民族内心的一种文化认同。正是这种超越了实用性的文化力量，使其能够历经沧桑变迁然而传承不断。“玉”文化传播的这种特殊性，和它与历史中宫廷身份、国家文化的结缘有关，这一点是不应忽视的。

在中国的传统玉作研究中，有约定俗成的“北玉”、“南玉”说法。惯常对南、北玉作的区分大多都是通过地域空间、工艺风格来划分。南玉作，以江浙（苏州、扬州、杭州）一代为中心，南宋以前就很发达，明清以后，苏扬地区又因为“工匠云集和产品有销路”[1] 而形成中国三大琢玉中心之一。北玉作则指以历史上的元大都、后来的明清京都北京城为中心的北方治玉工艺。南玉作风格婉约、秀丽、生动，更讲究精致细腻的琢制工艺，体现出江南文化恬静、雅致的整体格局和气息。而北玉作系出王室及军中，风格雄浑大器，强调形式、气韵以及如何突出玉料的特色，在体量上、风格上更具皇家的风范。

本书关注的不是上述工艺风格与表象上的南北差异，而是北玉作隐藏着一种特殊的地域特征和文化语义。源于“京都”的玉作系统，从元代开始逐渐积聚，至明清两代达到高峰，尽管在技术创新与商业利用方面尚与南方治玉中心城市有差距，但对于中国治玉工艺传统的持久传承和民间市场的活跃却有着无可置疑的重要贡献，这一点可能是以往的工艺文化研究中被有意无意地忽略的一个主题。

也许从工艺上来讲，自元代起始的北方玉作似乎不像前朝宋文化滋润下的南方玉作那么精雕细琢，细巧文气。其形制巨大[2]、豪放，甚至有些“其做工渐趋粗犷，不拘小节”[3]。从美学标准来看，也少了宋以前的含蓄和隽永。但是，元代起始的北方

---

① 叶文宪．中国玉文化的渊源与流变//杨伯达．中国玉学玉文化论丛．北京：紫禁城出版社，2006：69.

② 最著名的元代玉器《渎山大玉海》又称“玉瓮”，是一件巨型贮酒器。是元世祖忽必烈（公元 1260—1295 年在位）于 1265 年，敕令皇家玉工雕成。它重达 3 500 公斤，口径 135 ~ 182 厘米，深 55 厘米，由一整块黑质白章的椭圆形大玉石精雕而成。

③ 杨伯达先生评论元代玉器时曾提出“元玉继承了宋、辽、金玉器形神兼备的造诣而略呈小变，其做工渐趋粗犷，不拘小节，继续碾制春水玉和秋山玉以及从南宋继承下来的汉族传统玉器。”

玉作文化在中国治玉历史的发展中，可以说是一个切换和转变的结点。在一种特殊的文化异动中，东、西方信仰与文化冲突碰撞，审美与技艺融汇、激荡，都凝结于王权追求材美工巧之极致的意志中。北方治玉工艺的关键影响力，并不在于工艺本身，正在于它与古代社会的国家象征、王权标志、宫廷政治、皇室生活融为一体。治玉过程中所体现的精神价值从此比肩甚至超越其中的工艺价值，成为后世“北玉”传统的精神之源。

在以往工艺美术研究传统中，往往只停留在对形式的“天人合一”、“栩栩如生”之类修饰语的重复组合，或对技法的“巧夺天工”般的空洞赞许，忽视了手工艺蕴含其间核心的价值指向。因此，传统工艺在现代传承中，时而变成了肤浅的符号语言，时而又是虚无的“人文精神”[①]。真正的问题是：手工艺传统文化的核心价值究竟在何处，哪里才是人们在这个流失的时代能留住精神、留住文化的整体性与延续性的家园？

本书更为关注的是以往工艺史研究中不曾深入探讨的角度。即中国不同地域的工艺文化不仅是一种技术手段、造型风格的载体，同时也是一种内在的精神结构及其历史逻辑的见证。玉，这种技术与文明交相辉映的结晶体，正是今天我们所希望探寻的工艺精神的源头。对于传统技艺的传承通常我们可以从有形的技术操作层面得到教养，或者从对形式的鉴赏中得到某种说明，但一段真实的历史传承告诉我们，传统工艺形式的传承结构并非如此简单，融于技术结构中的精神性，以及载有精神基因的技术性，

① 这里指一种对于传统手工艺空泛的哲学定义，因此加引号注释。

这两者互为支撑的传承方式，原本已经有机地融于一个借某种制造及流通方式得以延续的传承机制。正如玉作。即便在现代中国，玉文化的国家身份已被切断之后，它的影响力也并未消失，而是以一种精神标志的方式融入民间。在民间意识形态中，人们视“玉德”，宁愿“玉碎”、不为瓦全的人格象征，仍然非常崇高而正面。“事实上，它在历史上及文化主流意识形态中的合法性，以及它所拥有的融政治、文化、历史价值于一体的推动力，客观上强化了它在民间市场中的流动价值，也使它增加了在民间文化中的象征作用与文化影响力，其中也包括文化传播力的强化。这种来自于“语用学”而非语义学意义上的文化话语权，事实上始终非常强大，这也是中国工艺美术传统得以在逆境中仍然传承不断的一个不可忽视的原因。”①

本书第 1 章主要对于北方玉作的历史文化背景进行分析与解读，在此基础之上定义“京都玉作”在本书中的意义指向。同时解释书中涉及讨论的“玉作”的含义以及其对于当代设计的意义。第 2 章主要回顾“京都玉作”的历史源流与人物谱牒——在漫长的发展过程中，是何种文化背景促成了北方玉作文化的形成，构建“京都玉作”外部轮廓的人物谱系？分析其在历史突变的文化环境下形成的设计生态系统。第 3 章主要是通过深度访谈与记述回顾“京都玉作”的规矩和范式。详述这些规矩和范式之于京都玉作的意义。第 4 章和第 5 章主要论述京都玉作的价值观和创作方法论以及价值

---

① 许平，苏欣，王余烈．中国工艺美术大师——李博生．南京：江苏美术出版社，2011（2）：13.

观与创作方法论匹配后与人类精神的对接。第 6 章从原始思维的角度解读北方玉作文化的精髓和要义。结论部分对北方玉作的设计生态系统与创作思想方法加以归纳和总结，并建立与当代设计的关联。

期冀本书借助“京都玉作”这一个范例，对北方玉作文化的生成、生长、生态所包含着丰富的文化语义进行分析。通过玉“行”、玉“作”的特殊范式，梳理其文化背景与脉络，诠释并归纳京都玉作不同于其他工艺文化的起点与精神归宿。从社会人类学的角度分析和解读京都玉作——这个以玉作为核心的手工艺生态系统，以及玉人、玉行、作坊等各个子价值系统之间的关系，在逐层分析系统与子系统内部构成、组织、管理、规范、模式、工艺步骤的基础上，梳理其工艺价值观和创作方法论；目的则是对基于一个完整的治玉生态机制及其蕴涵的精神氛围及文化意义得出适当的解释。

文明的存在和延续，是需要一种精神来坚守、笃行、实践和付出的。历经沧桑积累起来的传统工艺精华随着时代的变迁渐行渐远，一代代新人只能对着徒有其表的外在符号不知其然、更不知其所以然。寻找“创新”之路，不能只停留在失去文化的关联性与系统性而贸然膨胀起来的商业开发，这样只能催生出一种没有文化追求、没有创造力根基的脆弱的市场价值。这样的“传承”，无法想象它能为未来的文明发展提供新的精神能量。人们需要传承的，并非以往的样式而是那种文化创造的精神与活力。

本书研究“京都玉作”的起点，正是缘于这样一种对于手工艺精神家园的追溯。“玉作”文化中的精神氛围来自何方，去向哪里？将这种创造力予以正确的解读与弘扬，是否可以给中国当代设计带来一种回“家”的路，一种继续前行的方向？

作　者

2014 年 5 月

目　录

1　京都玉作——一种工艺精神的范本

1.1　“流动性”与中国北方传统工艺文化格局

公元1219年，蒙古大汗成吉思汗已经夺取金中都（今北京），正要一鼓作气进军汴京（今开封）、入主中原。突然，当时雄踞中亚的花剌子模大汗摩诃末背信弃义，两次怒斩蒙古来使。历史被这个突发事件改写，成吉思汗调转马头亲率20万铁骑卷向中亚大国花剌子模，开始了迢迢万里的西征之旅。

图1-1　元太祖成吉思汗

从公元1219年至1260年的四十余年中，蒙古铁骑或分路合击，或一路狂飚，成吉思汗和他的王子们先后进行了三次大规模的西征，建立起庞大的马上帝国。

历史是由无数个偶然事件组成的一种必然。在一个决定了基本走向的事件框架中，包含着无数难以预料的历史可能。这次西征中发生的一些微型事件对于整个历史而言微不足道，但是其后续故事却与本选题有着一种类似蝴蝶效应[①]的悠长关联。

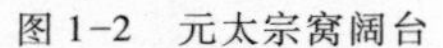

图 1-2　元太宗窝阔台

图 1-3　元世祖忽必烈

1219 年，蒙古大军攻克中亚重镇讹答剌，他们滥杀无数，“内堡和城池被夷为平川”，却独独对工匠刀下留人，“那些刀下余生——庶民和工匠，蒙古人把他们虏掠而去，或者在军中服役，或者从事他们的手艺”。[②]

事实上，这只是当时边远民族与中原民族的历史冲突中无数战事中的一例，未曾记入历史的已经永远不可知，少数载入史册者虽只寥寥数语，但却隐隐地透露出某种影响着中国历史文化“流动性”格局的故事端倪：史料反映，发生在讹答剌的虏掠事件并非孤例，类似的事件则还发生在军队攻克花剌子模国都城撒麻耳干（今乌兹别克斯坦撒马尔罕）之后，“三万有手艺的人被

① 蝴蝶效应（The Butterfly Effect）是指在一个动力系统中，初始条件下微小的变化能带动整个系统的长期的巨大的连锁反应。

② ［伊朗］志费尼．世界征服者史（上册）．何高济，译．呼和浩特：内蒙古人民出版社，1980：99.

挑选出来，成吉思汗把他们分给他的诸子和族人"[1]；而在另一城市不花剌，许多人"以佃巧手艺入附，(被) 徙置和林"[2]。又如，蒙古军攻克花剌子模都城玉龙杰赤，他们"令技师工匠别聚一所，其从之者，遣送蒙古，皆得免死"。蒙古军"将居民一下子全部驱到野外，从他们中间将十万左右的工匠分出来，(押) 到东方去。"[3]

不仅是在远方的中亚，同样的情形也在中原大地呈现：公元1227年，成吉思汗逝世，三太子窝阔台继承王位。窝阔台汗八年（公元1236年），蒙古铁骑再次问鼎中原。窝阔台汗这次进入中原，不仅命五部将分别镇守益都、太原、真定、大名、东平，最紧要的步骤还包括"括其民匠，得七十二万户"[4]。来自山东、山西、河北等地的民匠尽括集中。南宋灭亡后，又"籍江南民为工匠凡三十万户"[5] 经过遴选，有十万一千户手艺人入编。

事实上，在浩如烟海的历史文牍中，类似的记录不在少数。成长于马背之上的蒙古民族，对于各种能工巧匠、造物技艺的倚

---

① [伊朗] 志费尼. 世界征服者史（上册）. 何高济，译. 呼和浩特：内蒙古人民出版社，1980：140.

② 朱德润. 存复斋集 · 中政院使贾公世德之碑铭：卷 1//马建春. 元代的西域工匠. 回族研究，2004（2）.

③ 波斯史家拉施特和志费尼认为玉龙杰赤所掳工匠的数目为10万人. [波斯] 拉施特. 史集（第1卷第1分册）. 北京：商务印书馆，1986//马建春. 元代的西域工匠. 回族研究. 2004（2）.

④ 《元史 · 卷123》

⑤ 《元史（卷167） · 张惠传》载："宋降，伯颜命（张）惠与参知政事阿剌罕等入城，按阅府库版籍……籍江南民为工匠凡三十万户，惠选有艺业者仅十余万户，余悉奏还为民。"

重，似乎有一种深厚的文脉相承。[①] 蒙古人虽是游牧民族出身，对土地没有强烈的归属感，因而轻视农业，但对手工业的重视却是亘古之最。在长期的征战生活中，他们每攻下一地都会遴选工匠，挟持归国，专事打造兵器及百般用品。即便是骁勇善战的军队，也是战时为兵，闲时为匠，在没有战事时，造作“需用的种种东西，从十八般武器一直到旗帜、针钉、绳索、马匹……”。[②]

蒙古军队在西征途中，不断地将西域的能工巧匠劫掠回漠北，就这样一路掠夺城池，一路吸纳工匠，一路手工造作，在这种特殊方式的文化流动中，在首都哈拉和林（曾称“和林”）、

---

① 志费尼的《世界征服者史・成吉思汗兴起前蒙古人的状况》中载“直到成吉思汗的大旗高举，他们才由艰苦转为富强，从地域入天堂，从不毛的沙漠进入欢乐的宫殿……眼前的世界正是蒙古人的乐园；因为，西方运来的货物统统交给他们，在遥远的东方包扎起来的物品一律在他们家中拆卸；行囊和钱袋从他们的库藏中装得满满的，而且他们的日常服饰都镶以宝石，刺以金镂；在他们居住地的市场上，宝石和织品如此之贱，以致把它们送回原产地或产矿，它们反倒能以两倍以上的价格出售”。

蒙元统治者起自漠北游牧部落，生活简朴，缺乏手工技艺，由于其对外扩张征服的对象，多为工商业高度发达的封建文明社会，因而身怀绝技的工匠，就成为其热衷掳掠的主要战利品。由于四处迁徙，蒙古人和许多游牧民族一样，对于工艺品以及能够随身携带和佩戴的珠宝等物品更加珍爱有加，这也是他们对手工艺兴趣浓厚的原因之一。

② 志费尼的《世界征服者史・成吉思汗兴起前蒙古人的状况》中载“整个世界上，有什么军队能跟蒙古军相匹敌呢？战争时期，当冲锋陷阵时，他们像受过训练的野兽，去追逐猎物，但在太平无事的日子里，他们又像绵羊，生产乳汁、羊毛和其他许多有用之物。在艰难困苦的境地中，他们毫不抱怨倾轧。他们是农夫式的军队，负担各类赋役，缴纳分摊给的一切东西，……他们也是服军役的农夫，战争中不管老少贵贱都成为武士、弓手和枪手，按形式所需向前杀敌。无论何时，只要抗敌和平叛的任务一下来，他们便征发需用的种种东西，从十八般武器一直到旗帜、针钉、绳索、马匹及驴、驼等负载的动物；人人务必按所属的十户或百户供应摊派给他的那一份”。

漠北各地、燕京、河北、山西、山东……北中国的茫茫原野上，一个个手工艺中心成长起来。①

① 下面附表为根据元史等相关记述总结：

地点	来源	史载
首都哈拉和林	西夏工匠、回民、契丹、江南匠人 灭西夏后，将大批西夏工匠掳往漠北	《元史》卷134《朵罗台传》载："太祖既定西夏，括诸色人匠，小丑以业弓进，赐名怯延兀兰，命为怯怜口行营弓匠百户，徙居和林"
哈拉和林	金代工匠 蒙古灭金过程中，也是先将其工匠徙往漠北	姚燧《牧庵集》卷25《赐少中大夫轻车都尉渤海郡侯解公玟道碑》，文渊阁四库全书本。"国初，徙所领织工将度漠，道卒野马川"
哈拉和林	回民、契丹、江南匠人	正文有述
毕里纥都	西域制弓匠 将他们劫掠到漠北的生产地	张耀卿《边堠纪行》，《说郛》续46卷，卷26。"乃弓匠精养之地"
燕京	诸路工匠	刘因《静修集》卷9《洛水李君墓表》，文渊阁四库全书本。"金人南徙，国朝迁诸州工人实燕京"
太原	诸匠数千人	《紫山大全集》卷16《德兴燕京太原人匠达噜噶齐王公神道碑》，文渊阁四库全书本。壬辰年南京（今开封）城破后的俘虏
保州	诸匠人	《静修先生文集》卷21《武遂杨翁遗事》就载"保州屠城，惟匠者免。予冒入匠中，如予者亦甚众"。而孙威为工匠首领，"前后所领平山、安平诸工人，皆俘虏之余"

当时的蒙古首都哈拉和林，在短时间内，已然从一个草莽之地成为北方中国的工艺中心。“从契丹往这里送来的工匠、从伊斯兰各地也同样送来匠人，……他们在一个短时期内使它（首都和林）成为一座城市”①，“彼技艺百工，咸不及此地精妙”②，其时其地聚集了大量的汉族、西域各族工匠，甚至有出生于巴黎的金匠③。他们的精湛技艺令当时在和林的欧洲使者都为之倾倒。对北方的民族来说，这些工匠，特别是“勒徙北居”的汉人所拥有的技艺更是令他们叹为观止。被“深叹讶江南技艺之人，呼曰‘巧儿’”。④

蒙古灭金时，“金人南徙，国朝迁诸州工人实燕京。”⑤ 蒙古统治者一方面开始将俘掠的工匠从漠北迁徙集中于燕京一带，另一方面又继续在北方新征服地区就地括匠设局。至金灭亡时，蒙古所立局院已遍布北方各地。⑥ 曾出使蒙古的南宋使臣徐霆在其撰写《黑鞑事略》中写道：“鞑人始初草昧，百工之事，无一而有……后来灭回回，始有物产，始有工匠，始有器械。盖回回百

---

① ［波斯］拉斯特. 史集（第一卷第一分册）. 北京：商务印书馆，1986//马建春. 元代的西域工匠. 回民研究，2004（2）.

② 《心史・大义略叙》：“彼技艺百工，咸不及此地精妙，已半为之勒徙北居。北人深叹讶江南技艺之人，呼曰‘巧儿’。入北愈深，妇人愈少愈贵……”

③ ［法］贝凯，等. 柏朗嘉宾蒙古行纪. 耿昇，何高济，译. 北京：中华书局，1985.

④ 《心史・大义略叙》：“彼技艺百工，咸不及此地精妙，已半为之勒徙北居。北人深叹讶江南技艺之人，呼曰‘巧儿’。入北愈深，妇人愈少愈贵……”

⑤ 刘因《静修集》（卷9）《洛水李君墓表》，文渊阁四库全书本。

⑥ 《元史》卷150《何实传》中记载：蒙古将领孛鲁遣部将何实掠地金境，“分兵攻汴、陈、蔡、唐、邓、许、钧、睢、郑、亳、颍，所至有，计枭首一千五百余级，俘工匠七百余人。孛鲁复命驻兵邢州，分织匠五百户，置局课织”。类似记载见诸元史很多记述中，在此列举其一。

工技艺极精，攻城之具尤精。后灭金虏，百工之事于是大备。”

南宋灭亡前后，蒙古统治者不断从内地收编能工巧匠，中原及江南的能工巧匠又为北方的手工业构成增添了新鲜的血液。其中就包括上文所述在益都、太原、真定、大名、东平等中原各地“括其民匠，得七十二万户”以及“籍江南民为工匠凡三十万户”。由于“技”能止杀，甚至很多人为了生存，转而学技艺。即便是为了免于一死而滥竽充数，没有手艺的平民，也被按能力分类，教授技艺。大批工匠供役于蒙古军中，或被勒令徙居北方。某种程度上改变了南北双方的力量对比：“国家初定中夏，制作有程。凡鸠天下之工，聚之京师，分类置局，以考其程度，而给之食，复其户，使得以专于其艺。故我朝诸工制作精巧，咸胜往昔矣。”①

对于中国传统工艺文化发展而言，这是一段值得予以特别关注的历史。

纵观中国文化历史，暗含一种奇妙的以地理逻辑联结的历史逻辑。从远古开始，散落于黄河、长江、珠江三条大河流域的星星点点的历史遗迹，构成以“自然地理”为依托的文明构架；而后，一条贯通南北的大运河构成以“人工地理”为依托的城市文明框架；而无数在以上河流、城市之间的人迹活动构成中国历史文化“流动性”的基本走向，中国的城市文明、物质文明也基本以这样的构架为基础。② 如果可以大致为历史划一条分界

---

① 苏天爵《元文类》（卷42）《工典总序·诸匠》国朝文类，四部丛刊初编本，商务印书馆，1919.

② 关于文明“流动性”的观点，得益于2006年苏州大学张朋川教授的一次讲座《文明的流动性与工艺史研究》，原文尚未发表，观点凭记录归纳。

线的话，10 世纪之前，文明中心以北方为主；10 世纪之后，中心南移，长江流域、运河流域、珠江流域及沿海地区相继成为商业发达、文化繁荣的新中华文明中心。其间虽小有局部的反复及冲撞，但并未改变这一总体格局。

然而，13 世纪中蒙古铁骑的洪流改变了这一历史前进的路径，一条蒙古大军西征线，似乎是中国历史上的“自然流动性”之外、第一次新增的、超大规模的“人为流动性”；大规模的远距离军事行动伴随着频繁的、超越空间限制的人员往来、物质运输、技术投送以及资源调配，在广阔的时间域、空间域中人为地挖出另一条“战争运河”。毫无疑问，这次远征在中国历史版图上划出一道深重、久远的痕迹，对中国历史的文明格局带来深刻、巨大的影响。元、明、清三代甚至近现代政治及军事中心的北移、长城防御线的固化、南、北两大文化及商业中心的分立，显然都与这一新增“流动性”的历史变革及其后续故事相关。

本书将蒙古铁骑在讹答剌的行动置于这一历史背景中来考察，就可以发现，它正是与 13 世纪前后那些历史变局紧密关联的一环。

中国传统工艺文化的历史格局总体上从属于整个中国历史文明的框架，而与此同时，历史文明中的“流动性”又是对其影响最大、关联最深的因素之一。迄今为止，我们无法解释远古文明中许多分明是不同流域的器物何以在同一遗迹中出现，但可以肯定的是，历代工匠创造的文明为后世的人们所景仰，有人不远万里将他们带回新的家园。在和平时期，这种交流可能是平等的、互利的，但在特殊的战争条件下，这种交流则可以呈现出另一种非自然的“流动性”，即以掠夺的形式实现。强行的占有是非正义和非人道的，但增加了“流动性”的历史影响力，它以军事与政治控制力叠加的方式在短时期内快速实现资源、技术与资本的配置与投送，于是改变工艺传统的布局，改变其生产与流通的环境及方式，最终在工艺传统生成及成长的历史中留下深刻的印记。这种影响的复杂性与多义性，至今为止的工艺史、文化史或文明史研究都尚未接触，但却值得予以特别的关注，因为它非常可能不仅外在地呈现于工艺文化的结构——比如空间与时间的历史形式，甚至还可能内在地渗透、融入工艺文化的精神，比如审美与文化的气质，等等。

本书主旨并非研究工艺交流史的专题，但却能从珍贵的历史记述文字中得到许多启示：中国不同地域的工艺文化不仅是一种技术手段、造型风格的载体，同时也是一种内在的精神结构及其历史逻辑的见证，这种技术与文明交相辉映的结晶体，正是今天我们所希望探寻的精神源头。对于传统技艺的传承通常我们可以从有形的技术操作层面得到教养，或者从形式的鉴赏中得到某种说明，但一段真实的历史传承告诉我们，传统工艺形式的传承结构并非如此简单，融于技术结构中的精神性，以及载有精神基因的技术性，这两者互为支撑传承方式，原本已经有机地融于一个借某种制造及流通方式得以延续的传承机制，随着时代的变迁已经渐行渐远，但一代代新人只能对着徒有其表的外在符号不知其然、更不知其所以然时，要给传统工艺精神找到“回家”的路，已经何其遥远。

如同“玉”是一种特殊气质的自然结晶体一样，“京都玉作”本身就意味着一种多民族融合、多文化滋养叠合的结晶体。本书以“京都玉作”——探源以古都北京的治玉文化为起点的北方玉作工艺精神。并希望以此案为缘，进一步探导返回中国手工艺传统精神家园的漫漫路程。作为中国手工艺代表性成就之一的"玉作工艺"，以及作为北方工艺代表性成就的"治玉"传统，具有这样的特殊禀赋，从而具有实现这一研究目标的可能性。

"中统二年（公元1261年），敕徙和林白八里及诸路金玉、玛瑙诸工三千余户迁至大都，立金玉局。"[①] 成吉思汗的西征结束了自汉代以来中国工艺文化自生的稳定构成方式，这个"不信宗教，不崇奉教义，所以，没有偏见，不舍一种而取另一种，也不遵此而抑彼"[②] 的马背民族，用他们自己的方式，在半个世纪之内，给金元以后的中国工艺文化铺陈了不同以往的文化背景与全新布局。中原与西域从此"无此疆彼界"，各民族带着不同的信仰和文化，自元开始了在以元大都（今北京）为中心的北方地区冲突、发酵、融合的过程。东迁而来的西域各国穆斯林工匠和商人，不但带来了丰富的物产、工艺品。还将自己的技艺、民族的信仰和历史传统带到了中国。他们来到中国，扎根落户。他们"居中土也，服食中土也，而惟其俗是泥也"，并且"乐居中土，皆以中原为家"。上段历史记载表明，中统二年（公元1261年），在一个东西方文化、南北方工艺频繁交流的氛围下，燕京已经有了专门琢玉的官作。

前言中述及，在中国的传统玉作中，有约定俗成的通过地域空间、工艺风格来划分"北玉"、"南玉"说法。本书认为，除

---

① 《元文类》（卷42）《经世大典序录·工典·玉工》，616.

② ［伊朗］志费尼. 世界征服者史. 何高济，译. 呼和浩特：内蒙古人民出版社，1980：29.

了表象上的南北差异，北玉作——“京都玉作”还隐藏着一种特殊的地域特征和文化语义。以金元起始的，被赋予帝王趣味与意志，又设制度严格监管之下的以“官匠”玉作为主流，民间玉作为补充，役、佣结合，东西方文化并蓄，同时兼容西域、中原、南方玉匠技艺的北方玉作，从源头上就带有一种统治者把征服与融合相兼，技艺与尊严并行的精神文化起点，因而也更具至尊与高贵的隐喻。

玉跟皇权有着非常直接的关联，往往就是皇帝手中把玩、腰间挂系的器物，所以，帝王趣味与意志对于它的影响和规范更加直接而深入。其皇权主流文化的示范性和中心性也更加显著。

李福顺在其主编的《北京美术史》中述：“北京长期作为国都所具有的代表性、丰富性、主流性和中心性，这使它地域美术的风貌弱化并因为强烈的示范性而倾向与国家美术史相重合。另外，复杂的国际交流、民族交流和京城与地方的交流、宫廷与民间的交流又成为北京美术风貌变化、杂糅的催生剂，随着时代变迁，这些交流时强时弱，使美术的嬗变线索显得无比复杂。”①

北玉作作为其中一种工艺类别，同样也具有这种复杂性。元代起始的北方玉作在中国治玉历史的发展中，可以说是一个切换和转变的结点。在这种特殊的文化异动中，东、西方信仰与文化冲突碰撞，审美与技艺融汇、激荡，都凝结于王权追求材美工巧之至的意志中。在玉作当中所体现的精神价值从此比肩甚至超越其中的工艺价值，成为后世“北玉”传统的精神之源。

这种精神对后世玉作工艺的影响极大，特别是明清时期的宫

① 李福顺．北京美术史．北京：首都师范大学出版社，2008．

廷御作，延续并强化了这种意志和范式。剥除其中的阶级意识、政治关联等外部因素，本书关注的是在这些看似“奇技淫巧”的技术背后，所隐藏的一种追求极致的手工艺精神价值。这种对于材料之精、工艺之精、等级之别、监作之严等标准，如同信仰一般保持其所追求的品质的匠人。他们身上承载了一种高于物质载体样貌及其工艺精微性的精神价值体系。北玉作一直保有这样一种融合皇家血脉和主流文化中一种终极向度的精神性与示范性。甚至民间玉作也在这样的精神辐射之下，处处都以高端的标准来约束自己。这是一种历史禀施的高端手工艺品质，是一种集眼界之高、技艺之高、内涵之高于一体的综合性品质显现。在其生态系统之内，人所遵循的规矩和范式也更强化了这种秩序感和典范性。呈现在玉器上，更映射在人的言行里。

可以说，北玉作在北京近八百年的大都精神文化氛围中，经过三代宫廷玉作的强化整治，以及各种形式的宫廷与民间的互渗互融，融炼出一种具有精神归宿隐喻的传统手工艺的生存状态与范式。

八百年之后的公元 2008 年，第 29 届夏季奥运会在北京召开。玉再次以一种至尊的身份和地位出现在北京奥运会的奖牌之上。2007 年 3 月，北京奥运会奖牌设计确定采用中央美术学院奥运中心小组的“金镶玉”[①] 方案，奖牌方案发布之后的民意调查显示[②]，与之前对场馆、“福娃”等设计的激烈争议不同，中

---

① 此方案公开发布后被媒体约定俗成统一叫做“金镶玉”方案，本书借用此说法。

② 很多网站都有在线调查，本书引用广东省省情调查研究中心网络调查部的数据。

国民众对把玉镶嵌进奖牌的创意大都非常认同。评价最高的是奖牌设计，认可比率为95.7%，其次是火炬和吉祥物，认可比率分别为51.2%和46.2%。受访民众认为："此奖牌设计具有浓郁的中国特色，同时又有中西合璧的表现形式，有别于奥运会历届奖牌的设计，很有创新。"①

对于挑剔的网络民众，这个结果似乎让人感到有些意外。在媒体所谓"中国特色"、"中西合璧"、"很有创新"这样简单而符号化的评价后面，似乎隐藏着比这些对于单纯形式感的评价更深刻的语义。特别是各阶层民众对于"予人与美玉"这种方式的认可度更加大于对于形式语言的认可度。不可否认，在中国人心中，"玉"曾经是最尊贵的，只有王才可以拥有的东西。以玉予人是对人最崇高的奖赏和礼赞。美玉给予最尊贵的客人，最符合中国人的气质和礼仪，最能代表泱泱中华之国都的气度和风范。是对奥运精神最高级别的认同和礼赞。在中国正处于由需要世界关注转向需要世界正确地认知与认同的阶段，"金镶玉"如同一把契合的钥匙，它用中国式的设计逻辑和方法，让隐藏在深厚传统中高贵的精神之门着实闪亮了一次。

图1-4　2008北京奥运会奖牌

而这一次的奖牌用玉似乎让中国人再次邂逅植根于中国传统

① 2008北京奥运会民意调查。广东省省情调查研究中心 http://www.gdsq.org.cn/reportdetail.asp?id=66

根系血脉之中的对于玉的至尊与高贵的精神价值的认同。在现代社会又一次触碰了人类精神价值这一被技术社会几乎湮没了的思考向度。也许，正是由于我们只关注了繁缛神秘的符号、精湛神奇的工艺，而恰恰忽视了几千年来承载于匠人身上，沉积于以沙碾玉的漫漫人生中曾经闪亮的人性、悟性、智性之高贵。

本书论题“京都玉作”的起点，正是缘于这样一种对于手工艺精神家园的追溯。

1.2　“京都玉作”的含义

《汉典》（在线新华字典）中对于“京都”的基本解释就是京城。将两字拆分，分别解释为：京，国都（现特指中国首都北京）：京城。京都。京华（因京都是文物、人才汇集的地方，所以称京华）而“京师”则是首都的旧称。

对于“都”的解释为：都，大都市：都市。都会。通都大邑。一国的最高行政机关所在的地方。京城：首都。国都。京都。

本书中的京都两字，大致不离这个释义范围，从前文铺陈的历史背景看，从金中都到元大都，明清、民国及至现当代，北京一直是历代王朝的大都所在，是一国统治者和最高行政机关所在地。同时也是政治、经济、文化汇集的中心之地。本书所述京都，既涵盖北京这个地域界定，也涵盖国都，这个最高政治权利与文化辐射中心之地的含义。

玉作一词最初见于“碾玉作”，冯梦龙《警世通言》第八卷中载：“我是碾玉作，信州有几个相识……”新华字典对“碾玉作”的基本解释为：打磨雕琢玉器的作坊，亦指从事这种行业的人。对于“玉作”的解释为制作玉器，亦指玉制品。对于“作”的解释则有非常丰富而广泛的释义。

本书所探讨的玉作，就是从碾玉作及玉作所包含的不同层次含义切入，并根据“作”的释义层次，延伸至中国传统设计系统中所包含的不同层次。因此本书所述玉作有以下四层含义：

第一层含义取“碾玉作”及“作”表示一种行业、事业分类之意，指以制玉为核心并与之相关联的行业生态系统，及从事这个行业的人。《周礼·考工记》开篇即提出“国有六职，百工与居一焉”国有六种职事，百工就是其中一种，百工包括手工业的各行各业，同时又是指各种工匠和管理手工业的工官。这里的百工之事其实就是一种分行业的“工作”之意，例如“兵器作”、“水木作”。《营造法式》中的各作分类记载。清代内务府造办处各类“作”分工及其细致，有六十余种分类。木作、玉作、弓作、铜作、珐琅作等等分工之作也印证了这个含义。玉作是其中的一种行业分类，同时也包括从事这个行业的人群。

第二层含义为“玉作坊”。取“碾玉作”代表打磨雕琢玉器的作坊，以及取“作”为旧时手工业制造加工的场所之义。也称“作场”，“坊”，“房”。作坊一般是针对一种技艺行业，有较高技艺的师傅带领帮工或学徒在生产中实行简单协作，进行手工业生产。玉作坊就是打磨雕琢玉器的场所。古代有官府作坊及民间作坊之分。在奴隶主、封建主或官府办的大作坊中，生产实行以分工为基础的协作，也可外请某些专业人士共同完成某些产品。这个意义上的玉作有专门的名称与文献记载。清代内务府造办处在康熙三十二年（公元 1693 年）开始设立作坊。各类作坊有六十余个，其中，如意馆、金玉作、玉作、珐琅作等都是专门为宫廷制造金玉珠宝、玉器珐琅等陈设的机构。

第三层含义指制玉工艺过程。取“玉作”表示制作玉器及“作”字表制作、制造的意思。在表示具体动手造作这个层面，最初的汉语中，只有一个“作”。如“日出而作”（表劳作。《乐府诗集·击壤歌》）。《周礼·考工记·总序》中述“作车以行陆，作舟以行水”这里的“作”通“做”是指制作、制造的意思。与后世通用的“做”字相比，“作”表示的动作性不强，意义比较抽象、泛化，如“此皆圣人之作也”。再如我们现在所说的工作，其实在当时的意义即手工之“作”，意义也很泛化。而后来泛用的动词“做”表示的动作性强，意义比较具体、实在，多用于具体性的事务或职业性、专业性的工作，如“做饭”。从这个层面上说，本书所说的玉作，不等同于做玉，“做”源于“作”，但“做”只承担了“作”的一部分语义。同理，做玉，只是玉作中关于整治、制作玉器的具体过程的一部分，不代表玉作的全部含义。

第四层含义取“作”，有措施、办法、谋划、创造之义。“作有利于时，制有便于物者，可为也。”（《后汉书》）即代表措施、办法的意思。这一层面的“玉作”包含一种“意匠”与“经营”的意思。“作”则代表设计、制作、监作等诸多程序的“玉作”成做过程中的策略、规划与管理。

先秦器物刻辞中就有并非代表制作而为监作的“作”，如《建武十年弩机》，其铭云：“陷陈都尉马士乍（作）紫赤间，间、郭师任居，建武十年丙午日造。”反映的就是武将监作弩机的事情。《营造法式》中的各作制度也有这层含义。“述而不作，信而好古。”(《论语·述而》)就有更深刻的设计、谋划的含义。同样,《周礼·考工记》载:“坐而论道谓之王公。作而行之谓之士大夫。”这里的“作”既有筹划、整治的意思,还包括进行中的措施和办法以及监督的意思。北玉传统玉作坊中,掌管作坊设计、制绘、资源分配、制作过程监督、与商号洽谈等所有事物的负责人称为“了作”,类似今天设计行业中的设计总监,其中“作”的意思就有这样一层含义。

综上所述,“玉作”在本书中实为一种基于手工艺生成机制的“治玉传统”的概称。其所代表的含义既有制作玉器中的制作、监作、设计、谋划、整治的意思,也有作为一个行业,其中所涉及的场所、组织形式、人群等构成元素的意思。换言之,本书述及的玉作是一个玉作的生态系统。它包括与之相关行业的组织机构与人员;包括身负手工制造职能的作坊,还包括行业中承担评鉴售卖职能的商铺。考察这个系统时,要考察手工制造的工艺过程与创作方法,行业之内品评沽售的基准,包括整个采买——设计——成做——售卖——评鉴过程中所涉及的行业原则和规约。既包括一种行业之“作”的归属,又包括组织之“作”的设计策略与管理机制,还包括手工之“作”的成做过程与方法。

此外,在语意上,“玉作”还意味着一个正在逝去的“治玉者家园”的含义。

故此,“京都玉作”有两层所指,一层为“玉作”代表的具体有其组织形式和轮廓的北方玉作手工艺文化生态系统。另一层则为“京都”所暗含的价值观与手工艺精神。“京都”对“玉作”既是地理范围上的限定,指以北京为中心的北方玉作。又是一种文化意象上的限定。“京都”指向其代表的宫廷文化与主流文化的意义。

北方玉作自金元时期发轫，来自中原文化及发达文化的身份背景，使其成为一种发达文化的象征，即使在被虏掠时期也长期享有主流文化、皇家文化及宫廷文化的待遇，宫廷御作的成做基准与价值观念成为北玉作的标准范式。这种皇家不遗余力追求极致“材美工巧”的品质与精神通过各种形式渗至民间，又被民间想象和创造，逐渐成为一种以正统宫廷文化和礼仪制度为轴心的“北玉”精神。它既有皇权与精英文化固有的高贵、严谨与肃穆，在流向并普及民间之后，又融进民间市隐文化的那种散逸、自由与野性。

可以说，京都玉作是一种由宫廷主流文化引导，又被民间文化所丰富、演绎而形成的“治玉”生态系统。这个系统的构成范式映射出其背后追求手工艺精神的主流文化根源，从工艺流程、器物形制到匠人举止、行业规约等“范式”层面，处处表现出一种“京都”特有的文化氤氲。

在研究对象的组织范畴上，本书述及的“京都玉作”并不特指某个单一的组织类型，它既包括北京的宫廷御作，也包括同时代的民间玉作坊，同时还包括以评鉴沽售为职能的北京玉行商铺。新中国成立以后，北京境内有一个公私玉器合营厂、六个生产合作社以及后来合并为一的北京玉器厂。因为这些组织同在京都文化的辐射之下并且与之有着紧密的传承关系，故也纳入本书的讨论范围。

在时间分期上，本书所述京都玉作的发展主要是在元代建都北京以后直到20世纪60年代。从元建大都起，北京就逐渐成为政治文化中心。为了满足内外交往及王公贵族的需要，中国玉器之精华均集于北京，加上美玉良师、能工巧匠也荟萃于北京，北京玉作便得到了较大的发展。特别是明清两代玉雕技艺就达到了很高水平。清顺治初期成立了养心殿造办处，康熙年间又成立了武英殿造办处，清代宫廷的部分玉器是由造办处下的玉器作在宫内直接琢制的。与此同时，民间作坊也非常发达，为维护同行业利益，清乾隆年间在北京成立了一种官督商办的社会团体——“玉器行同业公会”。[①] 至此，京都玉作，无论是官作还是民作都达到鼎盛阶段。

清末，造办处解散，御用工匠散落民间。他们纷纷在街巷建起小作坊，依然生产具有宫廷风格的工艺品。[②] 除了这些有能力自己开办玉器小作坊的人，大多宫廷玉匠被早年来自西域的回族玉商的后代和20世纪初从上海到北京专营古玩玉器的大洋商所招致麾下，分别成为这些人开设的“玉作”、商号里的玉工或“了作[③]”[④]。玉作行业再次回暖，直到战争爆发。新中国成立以后，1953年开始有公私合营玉器厂及生产合作社出现，继续在作坊式管理的基础上进行调整，一直到1958年北京玉器厂成立。对于这个长时段内的京都玉作研究本书不会做详细的历史梳理，而只是作为结点描述的历史背景铺陈。

---

① 公会由政府批准成立，民主选举产生出“帮主”。清乾隆五十四年（公元1789年）玉器行同业公会在今南新华街46号设立办公地址，又名“玉器行会馆”。

② 北京市地方志编纂委员会．北京志—工业卷，纺织工业志，工艺美术志．北京：北京出版社，2002：299.

③ 掌管从进料到设计制作各个环节的负责人。

④ 北京市地方志编纂委员会．北京志—工业卷，纺织工业志，工艺美术志．北京：北京出版社，2002：300.

1.3 研究“京都玉作”的意义

传统文化与传统工艺是研究当代中国设计永远无法避开的领域。

工业革命在世界范围内不过几百年历程，在中国也只不过百年时间，却给这个世界带来翻天覆地的变化。科技的发展，生产、生活方式的不断变化，这个世界在对于“量”的追求中将时间急速浓缩、将空间无限扩张。可是人们却越来越感到茫然和恐惧。“我们今天生活于其中的世界是一个可怕而危险的世界。”[①]《人类的故事》的作者房龙说：人类全部的发明服务于一个总的目的，即帮助人们在生活中用最小的努力换取最大的幸福。可是，人们发现，在现代社会，发明得越多，享受的物质资料越来越丰富，幸福感却越来越少。

人们总是难以忘却手工艺时代那种直指人心的造物方式。从20世纪60年代，能够进入设计史的流派，无论是波普还是后现代等等都重新开始回溯手工艺时期，为传统手工艺的精工细作及其传递出的耐人寻味的内在美与恒久的生命力所折服。而在中国，“本土的”、“区域的”设计文化又被重新提及。于是，无论是西方和东方，回到设计“原点”[②]的观念又重新流行。

长期以来，关于中国传统手工艺的当代文化价值一直处于“保护论”与“创新论”两相对立的观点分歧之中。尽管人们意识到传统造物方式的重要性，可是，毕竟时过境迁，它已然脱离了当下的语境，并很少与现代社会的生产、生活方式发生关联。

---

① ［英］安东尼·吉登斯. 现代性的后果. 田禾，译. 南京：译林出版社，2000：9.

② 指蕴含于工艺起点的设计之思，即创造出文明形式的原设计。

当下的世界，传统与现代，沿袭与创造交错重叠，千姿百态，但往往缺少核心的价值指向。对于传统手工艺，由于研究视角的偏狭，人们只停留在对其形式用“天人合一”、“栩栩如生”之类话语的重复组合来评价，或对技法进行“巧夺天工”的空洞赞许。因此，传统工艺传承在与现代设计的结合中，时而变成了肤浅的符号语言，时而又是虚无的“人文精神”[①]。人们希冀向传统手工艺取经，却不知道取哪里，如何取。“传承与创新”的论述也只成为一种嗟叹与空谈。

事实上，对于手工艺传统价值无论是怀疑的还是肯定的，本质上都没有根本的对立；无论是持“保护论”的还是“反对论”的，都没有抓住问题的核心。真正的问题是：手工艺传统文化的价值究竟在何处？哪里才是人们在这个流失的时代能留住精神、留住文化的整体性与延续性的家园？

本书期冀借助“京都玉作”这一个范例，对其生成、生长、生态所包含着丰富的文化语义进行分析。通过玉“行”、玉“作”的特殊范式，梳理其文化背景与脉络，归纳并诠释京都玉作不同于其他工艺文化的起点与精神归宿。从社会人类学的角度分析和解读京都玉作——这个以玉作为核心的手工艺生态系统，以及玉人、玉行、作坊等各个子价值系统之间的关系，在逐层分析系统与子系统内部构成、组织、管理、规范、模式、工艺步骤的基础上，梳理其工艺价值观和创作方法论。目的则是对基于一个完整的手工艺生态机制的“京都玉作”及其蕴含的精神氛围和文化意义得出适当的解释。

在物质文明、技术文明高度发达的今天，人们虽然享受着大

---

① 这里指一种对于传统手工艺空泛的哲学定义，因此加引号注释。

量的物质资料，但那种心灵无处栖息的、无所依托的危机感也在与日俱增。对于造物行为而言，来自某种崇高性认可的精神信仰与造物行为之间的张力机制正在弱化或变异，关联到造物行为合法性的对于某种神圣、警示和规范价值的认同正在失却，这种正在不断分裂成碎片的文明现实必须引起高度的重视。

正如阿诺德·盖伦在《技术时代的人类心灵》中所要表述的：

> “以往几千年的传统社会是一种稳态的社会结构，具有各种各样的稳定制度，但技术的日新月异使人类告别了那种宁静的常规社会，打破了那种稳定的制度，步入一个节奏快、变化大的现代社会，而人类的精神、思想伦理等都将在这种未定型的社会中被迫迎接这一巨大挑战。人类在挑战这一巨变的过程中产生了各种矛盾、冲突，因此也产生了各种心灵危机。现代文明的内在矛盾及其所造成的人类心理失调，并不是人类文明这一方面或哪一方面的危机，而是整个人类文明坐标系的危机。”①

至今仍生活在“京都玉作”那种独特氛围中的治玉大师李博生②曾对笔者打过这样的一个比喻：

---

① ［德］阿诺德·盖伦．技术时代的人类心灵．何兆武，何冰，译．上海：上海科技教育出版社，2003．

② 李博生，1941生，1957年毕业于北京七中，1958年入北京市玉器厂工作，先后从师于老一代玉雕行业“四大怪杰”中的何荣、王树森二位艺术家。曾任第七、第八届全国人大代表，北京工艺美术大师联谊会副会长，北京工艺博物馆馆员。高级工艺美术师，授中国工艺美术大师称号，北京工艺美术总公司特级工艺美术大师，授世界拳击联合会名誉会员。其作品以人物见长，构思精巧，刻意求新，取材广泛，既有典型的传统风格，又有崭新的超前意识；雕琢细腻，生动传神，小中见大，大中求精，在中外玉器行业中颇有影响。

“玉作为我们民族来讲，应被视为大地的舍利。

如同佛教中的寺庙，如果得到一个佛主舍利，这个庙就有了‘魂’，有了‘核’，这个庙就立住了脚跟，香火传承，这正是因为它有那个舍利。

玉，应该视同为大地的舍利，那是‘石’里的精华，是大地的精髓。”[①]

事实上，本论题最初思路缘起于笔者跟随导师许平教授第一次拜访李博生先生，在其家中看到的“修身如玉”的座右铭时。[②]

---

① 李博生口述。

② “修身如玉”是李博生先生的座右铭，就挂在先生家中客厅的中堂。他认为做玉和做人本质上是一样的，自己也随着阅历的增长从原来的“玩石人”称为“敬石人”。在和李博生先生的交谈中，得知关于玉石材料、玉作坊、治玉工具、创作方法、审美趣味、行业规矩等方面的“规矩”非常多，同时，李先生也表达出对于当下玉作混乱状况和只认商业利益的情况的不满。北京工美集团的前辈唐克美老师说：“中国人骨子里天生就有一种爱玉的基因。玉是不能轻易触碰的东西。”也印证了“京都”体系中对于玉的不同认识起点。不同领域的前辈们看似固执而保守的逻辑共识让我非常惊讶“玉”在他们心中的位置。惯常在这样的对话中，我们会更关注手工艺人的技艺、经验、创作方法。这次，我却对他们提到的各种“规矩”以及凝结在老人们身上的“范儿”产生了兴趣。

老先生执着而坚定地固守着自己的“规矩”，在今天这个世界似乎显得有些格格不入。在他们的心目中，玉根本就不是普通的矿物，更不仅仅具有流通价值，玉时而是天地的精华，是中华文化之根脉，时而又是跟人能够进行交流和沟通的平等对象。甚至，玉有时就是自身的映像。

他们对于玉作等各方面的固守让我似乎感觉到，在今天的价值体系中，那种迷茫和失重。那些玉作的规矩和范式以及琢玉老人们所坚守的精神世界不仅仅是一种遗范，更不仅仅是对逝去的繁华旧梦的追忆。保留在他们身上的“范儿”以及他们固守的规矩，让人感觉到有一种穿越时空的“过去的品质”，这种品质似乎是一种将传统文化中的尊严和高贵与个人价值信仰、自身修为融合到一起的一种品质，又固化在视玉、治玉的思想与行为里。因此我们看到，他们对玉的认识起点，对人与玉关系的解释，对治玉与修身之间的认同等诸如此类问题的看法，是一种现代人所无法理解的价值体系。

在这样的认识前提下，笔者展开了对“京都玉作”的解读。本论题研究基于对中国传统手工艺系统生成形态、精神价值及创作方法论的分析，但这些分析并不是分裂与对立的，其最终指向一个共同的主题：“玉作”文化中的精神氛围来自何方、去向哪里？它是否可以给中国当代设计带来一种回“家”的路，一种继续前行的方向？如果这些思考能够对当下造物行为与人类精神日渐分裂的现实有些许补益，那么只能说：功在“京都玉作”，而非自己。

1.4　研究现状与成果

本书以京都玉作为研究对象，力图通过恢复京都玉作系统的原貌，展现其规矩、范式与创作方法，以及解读京都玉作何以从物品世界建立与人类精神的关联。因此，对京都玉作的历史源流，形成背景以及坊内、行间的业态需要做完整地梳理和考察。对于本书来说，以往的研究有几个方面至关重要：北京历史文化结构的研究；北京地区工艺美术特征的研究；北京历史、商俗资料的研究；北京工艺文化发展特征研究；元代以后的北京地区玉器官作与民作研究；元明清宫廷玉器研究；中国传统制玉技术的研究以及文化人类学方面的研究。

从设计学着眼，从社会人类学角度对北京地区玉作系统进行分析研究，旨在解读一种工艺美术品类与风格的发生成因，并对其蕴含的精神氛围及文化意义得出适当的解释。目前还没有专门从这个视角解读的论述。

对于玉器的一般研究都归类于断代对于元、明、清玉器鉴赏、古玉形制、纹饰研究以及玉文化及制玉技术、技术哲学方面的研究。

以往对于玉的研究，虽然已是硕果累累。但它们主要分布于：玉文化学、考古学、博物馆学、历史学、地质学、宝石学等领域。地质学和宝石学相关著述因与本书研究领域相去甚远不做赘述。以下为可以作为本书辅助佐证的部分研究成果。

考古学中的古玉研究领域：

中国人对古玉的研究可以追溯至宋代的金石学，宋元明清时期的玉器研究基本上附属于金石学。元朝朱德润的《古玉图》是现存年代最早的一部玉器专门图录，清末吴大澂的《古玉图考》是一部学术性较强的古玉研究著作，还有瞿中溶的《奕载堂古玉图录》、陈性的《玉纪》、刘心宝的《玉纪补》和端方《陶斋古玉图》等，这些著作都有对传世或零星出土的玉器实物进行著录。20 世纪中叶以后，随着科学考古工作的开展和出土玉器数量的增多，玉器研究开始借鉴考古学类型学的方法，以鉴定与辨伪研究为主。这一时期的著作多为考古学著述。这些研究成果成为本人进入并认识玉作领域的起点。

玉文化研究领域：

20 世纪 90 年代以后，玉器研究在考古类型学基础上，将玉器研究的重点锁定于玉文化玉学课题。杨伯达先生在此研究领域成果卓著。其中《巫玉之光——中国史前玉文化论考》，主要汇集了杨先生撰写于 2003 至 2004 年间的 25 篇论文，这些文章是他数十年古玉研究的结晶，尤其是近二十年以来关于玉文化玉学课题研究的成果。该文集在解决玉文化玉学的学科构建和某些难题以及探索中国古代玉器研究的方法等方面，都有重大突破，可以说是中国玉文化玉学研究领域的里程碑之作。玉文化研究的领域一般包括玉文化论评，如：《中国玉文化的渊源与流变》（叶文宪）；《中国玉文化中的巫术基因探讨》（《中国玉文化玉学论丛》）；关于历朝玉器考辨的《论古代官作和民作玉器》（张蔚）；关于玉材探讨的《古今玉概念》；《怎样鉴定古玉器》（栾秉璈）；《文物鉴赏丛书·古玉器》（周南泉）；等等。其中杨伯达先生对于宫廷玉器各个方面翔实而深入的研究为本书提供了丰富的理论依据。张丽端：《宫廷之雅——故宫清代仿古玉器特展》、《从"玉厄"论清乾隆中晚期盛行的玉器类型与帝王品味》等关于宫廷玉器的研究，也为本书提供了大量的史实和资料。

制玉技术与历史研究：

《诗经·鹤鸣》的简短记述、《考工记·玉人之事》中的用玉制度和规范、明代宋应星的《天工开物》对玉料产地及琢玉方法有比较详细的论述，并附录了4张采玉和3张琢玉图，是我国古代琢玉工具和设备的最早样式。清人李澄渊于1591年作《玉作图说》，绘13图，用图说细说了琢玉工艺的全部过程和主要制玉工具。近代以来对制玉技术的研究有章鸿钊的《石雅》、张广文的《玉器史话》、方泽的《中国玉器》、姚士奇的《中国玉文化》、尤仁德的《中国玉器通论》、殷志强的《中国古代玉器》、邓聪的《东亚玉器》（上中下）、杨伯达《中国玉文化玉学论丛》（上、下）、昭明的《中国古代玉器》、台湾学者那志良的《古玉鉴裁》、《中国古玉图释》、《宋元明清玉器》、《中国玉器全集》（6卷本）、古方主编的15卷本《中国出土玉器全集》为制玉技术研究提供了科学的依据。吴棠海的《认识古玉——古代玉器制作与形制》，利用图说方式介绍了古代几种常用的琢玉技术。刘道荣、王玉民和崔文智编著的《赏玉与琢玉》，也主要是介绍近现代的琢玉情况。李久芳的《明玉碾琢工艺特征及仿古作伪的鉴别》、《清代琢玉工艺概论》，周南泉的《明清琢玉、雕刻工艺美术名匠》等。孔富安《中国古代制玉技术研究》等论文里面的翔实资料提供给本书很多信息和帮助，赵永魁和张加勉先生合编的《中国玉石雕刻工艺技术》主要介绍了现代制玉技术，书里也有一些问题涉及传统制玉方法，成为本书主要的技术资料依据。

历史与工艺美术研究领域：

志费尼：《世界征服者史》、尚刚：《元代工艺美术》、李福顺主编的《北京美术史》、于宝东：《从出土玉器看元代北方手工业的发展》、程民生：《试论金元时期的北方经济》、胡小鹏：《元代的民匠》、《元代的系官匠户》、《中国手工业经济通史》、马建春：《元代的西域工匠》等专著和论文为本书的历史研究和工艺美术研究提供了丰富而翔实的资料和研究成果。陈重远先生编著的基于北京古玩行业老人口述资料而成的商俗类系列丛书，如《骨董说奇珍》、《鉴赏述往事》、《古玩谈旧闻》、《老珠宝店》、《老古玩铺》等书，孙曜东先生口述历史的《浮世万象》、以及《北京地理：民间绝艺》等风俗地理丛书成为辅佐本书论点的有力论据。

人文社科研究领域：

维克多·特纳：《仪式过程》、阿诺德·盖伦：《技术时代的人类心灵》、卡尔·雅斯贝斯：《时代的精神状况》、列维·斯特劳斯：《野性的思维》、列维·布留尔：《原始思维》、费孝通：《乡土中国》、葛兆光：《古代中国文化讲义》、王树人：

《中国传统智慧与艺魂》等书为本书的论点构建了坚实的理论基础。

设计学研究领域：

张道一：《设计在谋》、许平：《青山见我》、《造物之门》、《视野与边界——艺术设计研究文集》，吕品田：《必要的张力》、杭间：《手艺的思想》、李砚祖：《创造精致》、诸葛铠：《裂变中的传承》、徐飚：《成器之道——先秦工艺造物思想研究》等诸多关于设计学科的著述为本书铺垫了设计学的基础和视野。

除了上述提到的研究成果，还有大量与本书主体相关，涉及传统手工艺设计，传统手工艺价值的专题研究、论文及社会学、文化学方面的研究专著和译著等，本书在此不一一列举，详见参考书目。

1.5 研究方法

对于传统手工艺研究惯常有这样几种研究方式：一是借助考古发掘或是留存世上的器物所承载的信息进行研究；二是通过借助文献记载进行解读性研究。

本书将上述两种方法作为辅助研究的手段，而主要是通过人物跟踪、深度访谈、调查研究、结合历史研究，地理、商俗现象分析、比对的方法来复原和解读京都玉作的原貌与语义。

由于宫廷的扶植，有专门的组织机构进行管理，长期以来，为京都玉作留下一些翔实可观的记录。如《清宫内务府造办处档案总汇》、《造办处各成作活计清档》。虽然它们不是正面记述了玉作的真实业态与行为方式，我们还是可以通过对于文本、则例的解读获知相关的信息。因为京都玉作传统和模式未曾有大的断裂与湮灭，20世纪50年代，公私合营时期，还保留并延续了一段时间的传统玉作的作坊格局与生产管理模式。这期间身临现场，如今已年逾古稀的老手艺人的记述，成为我们复原京都玉作原貌的重要依据。因此本书所采取的主要研究方法为以下几种：

1）人物跟踪

对于工艺美术大师、琢玉大师李博生的跟踪研究是给予本论文第一手资料的主要依据。确定本论文的研究方向正是源于2006年刚刚入学时和李博生大师的一次面谈。他对玉的看法和观点与惯常手工艺人大不相同，因此也使本论文有了思考的起点和指向。自此以后，一直没有中断针对京都玉作的论题与他进行的多次访谈和研究。三年时间未曾中断的跟踪研究是本论题研究的主要基石。

2）深度访谈

对于老艺人的访谈是这篇文章理论依据的重要来源之一。能够清晰表达，并有自己的价值判断的访谈对象是我重点获得京都玉作信息的依据。最主要的是，受访对象在陈述性描述的背后，还会有一些经验和感受的无意流露。也就是这些“表面事实”背后，还有更细节和微妙的“深度事实”。这些信息能够超越普通常识，给人一种潜藏在表层以下还蕴含更深刻意义的提示。

3）历史研究

京都玉作是一套设计生态系统。除了给我们留下了有据可查的物质器物和原始记录，同时也给我们留下了一些传统玉作活动中无从考证，但是约定俗成、口口相传流传下来的规约与口诀。这些信息能够跟当时特定的生活方式、生产方式及人文习俗建立连接，本书所进行的历史研究就是建立对这些信息梳理的基础上，力图通过相关史料能够考证、推演出相应的历史背景之下行为方式的成因。

4）文献记录

关于玉的丰富语义在经典文献中有非常广泛的记录。玉以其丰富的文化意蕴对汉语“玉”族词汇的形成也起了重要的作用。在前现代文化系统中，涉玉的记载很多都反射出华夏民族看待外部世界与自己的样式，规范着一种文化的深层结构。本书对于经典文献的整理限于从古人对物、对成器的角度所进行的评价，古人对玉所持有的态度和看法，古代工艺文献中关于玉作的点滴记录。通过这些记录，揭示京都玉作背后的思想系并与传统工艺研究建立连接。

5）田野调查研究

民间玉作在20世纪90年代以后又有枯木逢春的复兴趋势。具体的调研不但可以深入玉作的实践层面，最主要的是老、中、青三代玉人持有的不同价值观、创作方法、行为模式所产生的碰撞与激荡可以在调研中得到最鲜活而丰富的体验。也为本书的研究指向提供了更为丰富的思考空间。

6）综合比对

结合北京史料、商俗资料和口述历史的综合比对，得出结论是本研究的一种重要方法。

2　京都玉作——行业之“作”谱系

“邱真人长春子生于金熙……周历名山大川探奇觅胜。遇异人，多得受禳星祈雨点石成玉诸玄术，理会奥妙，法密邃深。”

“慨念幽州地瘠民困，乃以点石成玉之法，教市人习治玉之术。由是燕石变为瑾瑜，麤（同粗）涩发为光泽，雕琢既有良法，攻采不患无材，而深山大泽，瓌（同瑰）宝纷呈。燕市之中，玉业乃首屈一指。食其道者，奚止万家”。

——白云观玉器业公会善缘碑

北京城西南，复兴门外，白云路尽头，有一座依然香火缭绕、古风遗存的道观，名曰白云观。白云观作为道教的重要道观，是道教全真三大祖庭之一，有全真第一丛林之称。①

在白云观邱祖殿中，供奉着的道教全真教“北七真”之一，

---

① 李养正. 新编北京白云观志. 北京：宗教文化出版社，2003.

图 2-1 白云观

邱处机。[①]

有正史记载的邱处机大事记是元太祖十五年（公元 1220 年），邱处机奉成吉思汗昭命带弟子赵道坚、宋道安、李志常等 18 人从燕京动身西行去谒见正在中亚征战的成吉思汗。第二年在雪山之阳（今阿富汗）见到成吉思汗。当时正值蒙古军西征，每天都有战事，邱进言太祖“欲一天下者，必在乎不嗜杀人。”并送治国之道为“敬天爱民为本”的箴言。同时劝诫成吉思汗“清心寡欲为要”的长生之道。太祖深契其言，认为邱处机是天赐的人才，说：“天赐仙翁，以寤朕志。”并赠以虎符、玺书，不称其名，惟曰“神仙”。[②]

对于这段历史，后世康熙帝曾对此赞道：“一言止杀，始知济世有奇功。”乾隆帝也曾亲自为其本像题字，并有万古长春的题匾。

这样一位几上天山，生前身后被几代皇帝器重的奇人，他的另外一个身份是北京玉器业奉祀的行业神。

老北京的玉行里，口口相传关于邱祖这样的传说：

---

① 邱处机（1148—1227）字通密，号长春子，世称长春真人。金熙宗皇统八年正月十九生于金朝登州栖霞县滨都里（今属山东省），十九岁时，在宁海昆嵛山（今牟平东南）拜全真教主王重阳为师，出家为全真道士。重阳真人一见大器之。王重阳羽化后，他在陕西磻溪洞穴中住了六年，潜心修道。一蓑一笠，寒暑不异，人称“蓑衣先生”。

② 采编于《元史·邱处机传》。

南宋末年，邱祖出生于山东一个市镇，家道贫寒。离邱祖家不远，有个小玉器作坊，他在那里拜师求艺，学会了全套琢玉技艺。由于父亲患病去世，邱祖中断了学艺。后来战乱中，邱祖无以为生，便在河边以背人过河为生，后遇到了一位道长，道长见他天资聪颖，便收他为徒，让他四处云游，以研究玉器为主，学艺济人。从此，邱祖得以考察新疆等玉石的故乡，学会了相玉的本事，并刻苦学习，掌握了各种技艺。元代建都北京后，邱祖从西北辗转到北京，定居白云观，致力于玉器制作。云游四海使邱祖开阔了眼界，他博取众长并运用道长传授的学识治玉，制作出的玉器件件都是精品。邱祖不仅精通治玉，还擅因材施教，传授琢玉技艺。在他的提倡和扶植下，北京有了玉器行业，而白云观就成了邱祖传艺的讲习所。[①]

图 2-2 乾隆题字北京白云观藏邱真人本像

传说中，人们说邱处机“掐金如面、琢玉如泥”。他来到北京城，皇帝封他很高的官职请他掌管造办机构。[②] 由于玉器业奉邱处机为祖师，所以玉行人与白云观道士来往甚密。传说，道士来到玉器作坊化缘，如果会念《水凳歌诀》，就证明是白云观来的，玉器匠人马上盛情招待。[③] 还有，传说邱祖先收玉行徒弟，

① 老北京的传说（来源 http：//www. showchina. org/jjzg/whbb/flxx/200901/t254528. htm）.

② 陈重远．老珠宝店．北京：北京出版社，2005：237.

③ 柯杨．中国风俗故事集（上册）．兰州：甘肃人民出版社，1985：506.

后收道门徒弟，直到如今还是老道到玉器行化缘，见人即称师兄，遗风依然存在。[①]

邱处机“掐金如面，琢玉如泥”的记载以及“水凳歌诀”的内容都是以口头传说的形式流传。虽然玉行里的老人们都认定确有此事[②]，道士与玉行人互称兄弟的遗风也在，但这种传说更多地指向神奇故事和文学作品。[③] 其真实性已无从考证。只有玉行长春会馆把邱处机作为本行祖师加以奉祀和《白云观玉器业公会善缘碑》的碑文中载有邱处机与北京玉作关系的信息。

图2-3　《白云观玉器业公会善缘碑》碑刻

碑文里记载：“邱真人长春子生于金熙宗皇统八年正月十九日……周历名山大川探奇觅胜。遇异人，多得受禳星祈雨点石成玉诸玄术，理会奥妙，法密邃深。然居恒不轻示人，人亦以常师遇之。”说邱处机遇到一位神仙异人，从他那得到了点石成金的法术，而且道行颇深，不轻易示人。邱处机得到异人的指点之后，“慨念幽州地瘠民困，乃以点石成玉之法，教市人习治玉之术。由是燕石变为瑾瑜，麤（同粗）涩发为光泽，雕琢既有良法，攻采不患无材，而深山大泽，瓌（同瑰）宝纷呈。燕市之中，玉业乃首屈一指。食其道者，奚止万家。”

旧时几乎各行各业都有自己的行会组织，目的是保护本行的利益。行会组织要有灵魂人物作为首领，于是产生了各行业的保

---

① 杨良志. 金受申讲北京. 北京：北京出版社，2005.

② 李博生口述，陈重远、周南泉等书中也有记述。

③ 霍达著《穆斯林的葬礼》就有关于邱处机与水凳歌诀的描写。

护神。或尊创造本行业的祖师为首，进行奉祀，即行业神。王树村在其编著《中国传统行业诸神》中解释：“他们敬奉行业神目的有三：一是不忘祖师创造发明之苦功，在纪念先圣祖师的同时，也为本行业竖起一面精神的大旗；二是借祖师为神灵，俾使本行业的劳动大众团结一起，形成一股力量互相协助，遵守行规道德标准，不受外力欺侮；三是祈祷生活安定，技艺优胜，生意兴旺。”①

图 2-4 《白云观玉器业公会善缘碑》

对于祖师创造发明本行，因此将其供为神祇的造神法，史上也有记载：“从来名贤殁为神，各视生平所建竖。”（戴璐《藤阴杂记》卷一）从北京玉器业留下的文献及流传在玉器匠人口头的传说看，邱处机被奉为祖师就是由于他对北京玉器业有重大贡献。

邱祖教燕民习治玉之术，玉行人为了“溯源报本”、“饮水思源”，报答“神灵默佑”并把他奉为祖师，并且祭拜，“相沿迄今，迭逢困难，未曾中辍”②。在北京玉行人心中，邱处机既是给燕民带来谋生之计的大恩人，又是保佑自己禳灾致福，可以“安胜渡过”的佑护神。

暂且不论这段无法考证的历史有多少真实性，但是，邱处机人、神兼备，上通仙道，中通帝王，下通黎民百姓的特征赋予了“京都玉作”一个既神秘、崇高又世俗、散逸的不同寻常的历史

① 王树村. 中国传统行业诸神. 北京：外文出版社，2004：3.

② 引自《白云观玉器业公会善缘碑》。

与精神源头，漫长的岁月中“邱处机”与“玉行”以这样一种似有却无、似无却有的关系同处同在、共有共荣。从这个意义上说，邱处机的玉行身份，是真的。

2.1 京都玉作——行业之“作”的构成

2.1.1 行业之“作”的三代源流与历史迁跃

本书所要研究的“玉作”不单指具体有所指的玉制品，也不仅仅指制作玉器的方法和程序，它包括以下四层含义。

第一层含义是指玉作行业，涉及与之延展和相关的供货采买、设计承做、沽售评鉴等行业之内诸多领域。

第二层含义为“玉作坊”。取“碾玉作”代表打磨雕琢玉器的作坊，以及取“作”为旧时手工业制造加工的场所之义。玉作坊就是打磨雕琢玉器的场所。

第三层含义指制玉工艺过程。取“玉作”表示制作玉器，“作”字表制作、制造的意思。

第四层含义取“作”措施、办法、谋划、创造之义。这一层面的“玉作”包含一种“意匠”与“经营”的意思。“作”则代表设计、制作、监作等诸多程序的“玉作”成做过程中的策略、规划与管理。

本节即从“行”的视角探讨京都玉作的历史渊源。

京都玉作自金元始有将近八百年的历史，不同的历史阶段都有不同的文化背景，其中经历了数次政治、文化的异动与融合。其组织形式不仅包括官作还包括民作，官作的成做产品主要是为了满足宫廷内外交往及王公贵族的需要。而民作则主要是以商业目的为目标的民间用玉。因此，延展出供料、承做、沽售等几种环节组成的行业体系。

燕京成为金中都、元大都之前，因为玉器一直归属于王公贵族的权限监管之下，民间对于玉器的需求并不十分强烈。但是，自金元始，北京逐渐成为政治文化中心。为了满足内外交往及王公贵族的需要，中国玉器之精华均集于北京。前言中述元大都成为官作手工艺中心，玛瑙局、玉局均移至京师。美玉良师、能工巧匠荟萃北京，成为与南方江浙一代比肩的手工艺集散地。北京官营玉作也从此蓬勃发展起来。

元代的官局，明代的御用监，清顺治初成立的养心殿造办处，康熙年间又成立的武英殿造办处，沿袭下来的三代宫廷御作为成做玉器树立了一个对于材料、设计、技艺、组织、监管等玉器成做过程的制度基准，深深影响了民作的成做标准和目标。特别是明清时期，琢玉技艺达到了非常高的水平，并形成了完整详备的玉器成做体系。“大明作”、“乾隆作”、“西番作”成为民间玉作和玉行争相效仿和推崇的对象。

京都玉作如果只是满足宫廷内外交往及王公贵族需要的官营玉作形式，没有以商业目的为目标的民间玉作，那么就不会延展并扩大成为“燕市之中，玉业乃首屈一指”的手工艺第一大行的规模和局面。回溯北京玉行的源流与发展还要从元代说起。

元朝通过西征时掳掠西域工匠东来，初步奠定了手工业基础；之后经过灭金，继承了金朝的手工业规模；直到降宋，又全盘接收了中原与南方手工业，将所掠得的工匠编入匠籍。及至忽必烈建大都于燕京，元大都所在地燕京及其周边腹地已然成为全国手工业的中心和官营手工业中心。此前，燕京在辽金时期就已经是“人多技艺”[①]，元代又荟萃天下能工巧匠，官营手工业规模宏大，门类齐全，民作手工业也并行发展。因此，元代是北方手工艺大交融、大汇集的时期，以燕京及其周边为中心的手工艺在元朝的蓬勃发展也就从此时开始。

北方军事重地、政治都城——燕京，正是在这种背景下成为实力堪与南方杭、苏、扬等手工艺产地相提并论的手工艺集散中心。其“工艺美术生产的等级性与地域性表现得都很充分”[②]

元代对于官作的产品控制十分严格，从建都开始，就体现在官府设置的各种机构和管理制度上。“至元十一年（公元1274年——作者引），升诸路金玉人匠总管府。掌造玉册玺章、御用金玉珠宝、衣冠束带、器用几榻及后宫首饰。凡赐赉，须上命，然后制之。”[③] 至元十二年（公元1275年——作者引），设“诸色人匠总管府，秩正三品，掌百工技艺”，其中“玛瑙玉局，秩从八品。直长一员。掌琢磨之工。至元十二年始置”。[④] 至元三十年（公元1293年），又设“诸路金玉人匠总管府，秩正三品。掌造宝贝金玉冠帽、系腰束带、金银器皿，并总诸司局事”。还设“玉提举司”、“玛瑙提举司”、“瓘玉局”。[⑤]

---

① 宇文懋昭《大金国志校正》载：“户口安堵，人物丰庶……城北有市，陆海百货萃于其中。僧居佛寺冠于北方，锦绣组绮，精绝天下。蔬蓏、果实、稻梁之类，靡不毕出，桑柘、麻麦、羊、雉兔，不问可知。水甘土厚，人多技艺。”程民生. 试论金元时期的北方经济. 史学月刊，2003（3）.

② 尚刚. 元代工艺美术史. 沈阳：辽宁教育出版社，1999：305.

③ 尚刚. 元代工艺美术史. 沈阳：辽宁教育出版社，1999.

④《元史·志第三十五百官一》。

⑤《元史·志第三十八百官四》。

凡是御用的造作品，必须上奏批准后才可以制作。元代诸路金玉人匠总管府属下有个“掌描造诸色样制”的画局，就类似现在的设计部门，只管画样不负责制作。官府产品的样式是派定的，甚至往往是钦定的。“不许辄自变移”不论是中央作坊，还是地方性作坊，不论是恒定的“常课”还是临时加派的“横造”，限制同样严格。倘若有自行设计的新样制品，就要报送批准，故至元二十九年（公元1292年）济宁路差官晋京“呈禀绫样”①

元代统治者对技艺的倚重，使虽然以奴婢、“驱口”出身的官作匠户工匠，能够凭借自身超众的技艺做官、擢升的不乏其人。西夏人以造弓技艺被赐名，掌管弓匠百户；② 同一时期，浑源人孙威，也因“有巧思”、“善为甲，尝以意制蹄筋翎根铠以献”，而得到太祖赏识，被“赐名也可兀兰，佩以金符，授顺天、安平、怀州、河南、平阳诸路工匠都总管。”③ 顺帝至正年间（1341—1368）平江漆匠王某极富创意、巧思，“尝以牛皮制一舟，内外饰以漆，解卸作数节，载至上都，游漾滦河中，可容二十人……又尝奉旨造浑天仪，可以折叠，便于收藏，其巧思出入意表，遂命为管匠提举”④

华贵的物料，优越的设备，高超的技艺，严格的造作监管。同时，“技”能止杀，凭“巧思巧技”能为官，在中国造物工艺

① 尚刚．元代工艺美术史．沈阳：辽宁教育出版社，1999：306.

② 《元史·朵罗台传》中记载：“太祖既定西夏，括诸色人匠，小丑（唐兀人朵罗台的祖父）以业弓进，赐名怯延兀兰，命为怯怜口行营弓匠百户，徙居和林，卒。”

③ 《元史·卷203·方技》。

④ 《元史·卷56·人物艺术》。

历史的发展中，百工之技从来没有能够像在元代这样，被强烈而直接地赋予了统治阶级的趣味和意志。

尚刚在《元代工艺美术史》中论述元代工艺品等级性特征中，总结了元代官府产品的风格为“精丽华贵”，不仅极尽人工雕琢之能事，还在竭力炫耀材料的高贵奢华。在官府的产品中，也有等级的差别，即地位越高，占有的产品也就越发精丽华贵。而在论述其地域性特征时，以秦岭——淮河界断，做出了“南秀北雄”的风格差异界定，认为江浙一带民匠工艺美术保留了两宋遗风，追求清隽典雅，显露出士大夫气质。

自元代起，和官局并行的民间作坊也开始发展起来。“勒徙北居”和西迁而来的一些自由的民匠可以在家里劳动。他们要“每年自备物料，或到所在官府领料，然后‘造作诸物’，送到所在地的官府，以求免掉差役”[①]。这些经常能在家劳动的“畸令无局分人匠”，即少数没有被征调到官府作坊劳动的工匠就是民间玉作的主要力量。“碾玉作”是上述诸多门类民间作坊中的一种，元代碾玉作中的治玉工匠的最初来源主要是金、宋的“碾玉作”中的匠人，元熊梦祥《析津志》载：“南城彰仪门外，去二里许，望南有人家百余户，俱碾玉工，是名磨玉局。”除此之外，还有上文提到的在蒙古西征过程中，掠夺的大批西域治玉工匠，有明人沈德符在《野获编》中考证，元代最具代表性的炉顶[②]，就是“当时俱西域国手所作，至贵者值数千金”。而本书开篇白云观玉器业公会善缘碑中记载的“燕市之中，玉业乃首屈

---

① 《元史·卷56·人物艺术》。

② 又作貌顶，是元代官员带在头顶，区分等级的一个标志。

一指。食其道者，奚止万家”也可以印证元朝民间玉作发达程度。

前文又述，元代是一个各民族文化与信仰融合排拒的过渡时期，因为蒙古统治者对于中原文化的隔膜与“没有偏见，不舍一种而取另一种，也不遵此而抑彼”的放任态度，因此，融入伊斯兰等其他文化的中原汉文化并没有因政治格局的变动而衰落消亡，而是经过融合和排拒产生了第一次发展过渡的时期。玉作发展也是如此，可以看到元代玉器工艺风格包含了西亚伊斯兰、波斯、中欧等很多地区的工艺特征与美学风格特征。

明代，中原汉文化重新回到统治地位。北京民作玉器行业则因为城南一个叫做琉璃厂的地方，而产生了又一次文化上的再融合与迁跃。

元世祖忽必烈迁都燕京，在修建大都城时，因为燕郊有一个叫海王村的小村庄水陆畅通，可用船运输货物到西山。在西山开采烧制琉璃瓦的原料，运送至海王村建的琉璃窑烧制成品用于大都建设。因此，海王村这个京郊小村的另一个名字是“琉璃厂”。明以前，琉璃厂只是一个烧制琉璃制品的手工艺中心，明以后，琉璃厂逐渐成为告老而不愿还乡的明代仕途隐退之士晚年蛰居的地方，没有史料显示为何这些隐仕会聚居在这里。也许是这里的环境“地基宏敞，树林茂密，烟水一泓。度石梁而西，有土阜高数十仞，可以登临远眺”[①] 更符合中国文人的山水之情。他们的到来，使琉璃厂平添了文人隐仕的文化精神。

这些人懂诗书礼乐，平素喜爱琴棋书画，有的就在自己的住

---

① （清）潘荣碧《帝京岁时记胜》记载。

图 2-5　海王村厂甸庙会

所挂上斋号和字画，以文会友，共同切磋琴曲棋艺书法画技。明代每三年京师会试，各省来应试的举人就来到琉璃厂拜会这些文人和隐仕。他们来时和走时都会带着自己的字画、书籍、瓷、玉等来琉璃厂看书论贴，观赏字画，时间长了，大家从相互观赏进而相互交换。逐渐有了古玩、商铺的商业气息。清代学者缪荃孙在他的《云自在龛随笔》中记载明末清初的孙承泽的事迹："京师收藏之富，清初无逾孙退谷者，盖大内之物，经乱皆散逸民间，退谷家京师，又善赏鉴，故奇迹秘玩咸归焉。有客诣之，退谷必示数种，留坐竟日；肴蔬不过五簋，酒不过三四巡，所用皆前代器皿，颇有古人真率之风。"①

可见在琉璃厂，明末已有聚集主流文化产业的意义，"大内之物，经乱皆散逸民间"而成为民间追逐和推崇的趣味和样式。民间玉器鉴赏与售卖就是从此时起有了明确的流行风尚与追求目标，行业制售模式也初具规模。

及至清顺治元年（1644 年）十月，圣祖皇帝诏告"满、汉分城居住"。五年（1648 年），又颁布"凡汉官及商民人等尽徙南城"的谕令。于是，汉族在朝任职官员、文人墨客和商民人等，多迁至琉璃厂周围寓居，清史上便有了"宣南士乡"的称谓。

---

① 缪荃孙．云自在龛随笔（卷二）．北京：商务印书馆，1958：30.

图 2-6 民国时期琉璃厂古玩摊

由于这些达官、文人身居琉璃厂附近，又经常身临琉璃厂，从而确立了街中的文化精神，影响了街中的经营基调。汉学的兴盛，导致编纂书籍蔚为成风。乾隆在三十八年（1773 年）二月亲自命名和开始纂修《四库全书》，前后历时 10 年完成。琉璃厂文化街的格局从此发展并稳定起来，成为北京文化商业的中心。

古玩、骨董等产业在商业中心的发展必然促进玉行采买、制售、评鉴的环节发展。玉器行业就从琉璃厂这个文化中心经历了清末民初的第三次历史迁跃。衍生出珠宝市、廊坊二条与青山居，这个北京玉器行业最大的制售集散地。

图 2-7 老北京小市上的古玩杂货摊

老北京前门外，路西毗邻大栅栏街原来有一个珠宝市。清代康乾盛世，由于宫廷赏玩珠宝玉器的风尚，带动了民间对于珠宝玉器的需求。据老行家们讲：“珠宝玉石批发商来自云南、新疆的人多。他们在珠宝市，每晨陈列货物或商品，直接议价或通过跑合拉纤的进行交易，近午而息。本地零售商每晨也上市，了解行情或趸货。”[①] 因此带动了附近廊坊头条、二条、三条的生意。

① 陈重远．老珠宝店．北京：北京出版社，2005：2.

明嘉靖三十二年北京城修建外城，前门外路西修建了一排排的房子，称为廊房。目的是为了招商，使当年荒凉的前门外地区变得繁华起来。慢慢形成了一些街道，这些街道就相应地叫做廊房头条、廊房二条一直到廊房四条。[①] 珠宝市带动了廊坊头、二、三条的玉作坊、金店、首饰铺、珠宝玉器铺的发展。后来由于各商号和店铺货源固定，批发商渐渐减少。因此，珠宝市就慢慢消失了，珠宝玉器制售中心扩展到廊坊二条、三条、头条地区。逐渐形成了廊坊头条金店、首饰楼多，廊坊二条珠宝玉器铺多，廊坊三条玉作坊多的格局。

20 世纪初，廊坊各条开设了近百家金珠店，玉器铺和玉器作，成为各种奇珍异宝荟萃之地。吸引了国内外达官贵人、富商巨贾以及业内同行。在 1936 年由美国人绘制的北京风俗地图上廊房二条被称为 Jade Ware Street，廊坊头条被称为 Lantern Street，廊坊三条被称为 Jewelry Street 也印证了当时廊坊各条的不同经营方向。

图中深色线条为前门大街，灰色部位分别为廊坊头条到廊坊四条和琉璃厂古玩文化区

图 2-8　老北京风俗地图琉璃厂、青山居地区

---

① 廊坊四条就是后来的大栅栏商业街。

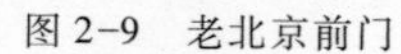

图 2-9 老北京前门

图 2-10 前门大街

当时，北京城内还没有专门的玉器市场，只有十几家古董商铺。古董铺经营的项目繁多。珠宝玉器、象牙犀角、法帖字画、古墨金石等等。到了清末，古玩业内人士逐渐分类，各自专做一门，业务项目便各自分散。玉器行从此单独分离出来。

在老古玩铺、玉器行和旧货行，有许多不设专门商铺门市，或不在门市交易的情况，老北京人称为“内局”。因为这些行业经营的商品体积小、价值大，且具风险性，所以商品的收购或转让往往是在茶馆里商谈，兼有联络感情和行情信息交流等内容。

图 2-11 青山居地区古玩铺与玉器行

玉器行内有商铺的“坐商”[①] 很少，多为“跑城儿”。即商人到城里收集玉器物件。

清末民初，许多落魄的八旗子弟、王公大臣无以度日，靠变卖家产，包括玉器珠宝为生。商人们经常能淘到出自王公贵族的宝贝，然后约好茶馆酒楼交易。光绪初年，北羊市口路西有一家黄酒馆，叫“青山居”。兼卖茶水，生意红火。“青山居”对面也有一家茶馆，这一代就是许多商人的聚集地。他们在这里边饮酒喝茶，边谈生意。每天早上，玉器商人提一个“腰子笸箩”[②]（用蓝布包皮包的椭圆形笸箩），内装玉器，以区别于手工艺人。交易时打开，散市包裹起来。“青山居”逐渐形成一个自发的玉器交易场所。[③] 上午集合，下午散市。临走的时候彼此打招呼说：“明儿青山居见！”[④] 由此，青山居的名字也成了珠宝玉器行内市场的代言。

图 2-12　老北京茶馆内景

在“青山居”的市场上，有一种特殊的交易方式——“撺

① 老北京把固定在商铺中坐等客人上门的生意形式叫做“坐商”。

② 因为商人们拿的东西不尽相同，有的直接用蓝布包货物，有的蓝布包笸箩，所以对这些商人的称谓也不尽相同，“包袱斋”或“夹包的”“腰子笸箩”“打鼓商”等。

③ 王永斌，孟立．崇文街巷．北京：中华书局，2007．

④ 陈重远．老珠宝店．北京：北京出版社，2005：6．

货”或同行间“窜货”[①]。买主抢先拿到货物，跑到角落里鉴定货色，琢磨价格。另外的买主也急着看货，就把货物抢过来看。一件货物，转了许多人的手，最后大家到卖主那里按“袖内拉手”的方式暗中谈价，只有卖主知道谁的价最高，最后选定买主，从容交易。

1922年，由创始人李敬轩出面牵头，联络同行集资，买下了青山居茶馆及附近房屋，改建为经营珠宝玉器的大商棚，市场近1 000平方米，内有二百多个摊位，并取名为青山居玉器市场。这里生意非常火爆，在市场胡同东侧，聚集有许多加工珠宝玉器的手艺人和摊贩，被称为“东青山居”；在市场北面专门销售珠宝玉器中的俏货，也被称为“窜货场”。青山居的名声也越来越大，吸引了来自国内国外各种玉行商人前来购货。来自朝鲜、泰国、日本、美国的国外商人和来自海南岛、蒙古等各省各地的国内商人都来到青山居选购珠宝玉器。青山居是民国期间北京玉器业最大的交易市场。

清末至1928年是青山居市场最鼎盛的时期。1928年，国民政府迁往南京开始直到1948年，青山居虽然不如以前兴旺，但还是有很多珠宝玉器商人到这里了解行情进行交易。青山居一直是廊房二条各家玉器商铺的主要货源之一。[②]

前文对于京都玉行历史脉络的梳理是为了引出这样一个问题：以往工艺美术研究中，大多认为宋代工艺美术达到了一个美

---

① 玉行商人互相之间交换货物叫做“窜货”，说法来源于大家急着看货，外面的商人要跳起来看，称为“窜”。也有说“撺货”，这里的“撺”该有“撺换”的意思。

② 陈重远. 老珠宝店. 北京：北京出版社，2005.

学风格上的极致。对于元起始，明清后期发展到极致的奢靡繁缛风气，给予的都是颇具贬义的评价，如“明清的装饰日渐繁缛，做工愈宜精巧，尤其是清代的宫廷手工艺品，它们几乎演化为纤弱妍媚的一统天下，元代的精丽至此恶性膨胀，蜕变为奇技淫巧的大展出。统治集团沉溺在登峰造极的技术里，工艺美术本应含蕴的美与日俱去……”①

从工艺文化的总体走向而言，这样一种判断大体是不错的。然而如果深入到各个历史时期、各个不同的工艺领域甚至各个时期的不同工艺场合来看，这样的评价或许还有可以区分与细化的空间。对于玉作而言，先秦时的神秘粗犷、汉晋时的简约生动、唐宋时的优雅富贵、明清时的繁缛豪华，原本对应着不同的生存状态，并非仅仅因为审美的需要而变动，它或许与存世“玉作”的不同社会身份有关。仅仅出于美学品质评价需要的评说，在有可能从艺术气质方面分出“山高水低”的同时，也忽视了它真实生命力的一面。而这正是我们期望从“玉作”的历史生态中寻解的原初想法之一。

回归本节论题。

至此，经过三代的文化融合与历史迁跃，京都玉作的行业之作达到了鼎盛的阶段，玉行中所追求的质料、样式与技术基准也因数次王朝的更迭，通过各种方式流入民间，散落民间的“大内之物”、“皇帝玩过的东西”，成为古玩珠宝商竞相收藏、窜货的宠物。其质料、式样、纹饰、工艺皆成为北京玉行所追求的样式，也成为玉作争相仿效的对象。经过金元工艺文化融合的转折

---

① 尚刚．元代工艺美术史．沈阳：辽宁教育出版社，1999：318．

起始，元明两代宫廷工艺文化的递进，到清代北京又一次民族融合的洗礼以及宫廷文化的筛选和改造，直到民国时期的京都玉作的行业之作成就了一个集大成的行业系统。其中，皇权文化对设计构思、成做过程、监作过程、创作方法与审美趣味等方面的设计管理系统的运作机制以及成做物品的式样成了玉作行业追求的目标和标准。

2.1.2 行业之“作”共识的“京都”标准

民国初年是北京玉器行业又一段大发展的时期，虽然清王朝灰飞烟灭，造办处也解散消失。但是由明清内务府造办处所造作的玉器所承载的不计成本、工时，精工细作的玉器成做标准和品质却留存在玉器中。这些作品流散到民间，成为民作中继续推崇和奉行的范本。从对于民国时期著名的珠宝玉器商人铁宝亭的忆述中，我们能够发现这样一种对于宫内之物综合品质的推崇。

其友孙曜东[①]曾回忆：

> “我曾从他手上买过一对蓝宝石的耳环，明朝的旧坑，比一般人的大姆指还要大一点，下面有白金托，装在一只黄金质的盒子里，二十几根大条成交。在那个时候，这个价钱是卖交情、作纪念的，并不完全体现了当

---

① 安徽寿县人，1912 年生人。出生于北京一个官宦家庭（其曾叔祖是光绪帝师孙家鼐）。8 岁到上海，圣约翰大学毕业后留美，学金融，肄业而归。曾任法商宝多洋行买办、重庆银行公司经理；敌伪时曾任复兴银行行长、中国银行监察人、周佛海的机要秘书。抗战胜利后他与中共地下党取得联系，在杨帆的领导下做秘密工作。1995 年潘扬冤案事发，被牵连入狱。1975 年返回上海，现任徐汇区政协侨联高级顾问。

时的行情。因为这样的东西除了珠宝价值还有文物价值，是明朝的宫中之物，清末到了慈禧手里，是慈禧的匣中之物。就从珠宝价值来说，这旧坑也远比新坑要值钱。因为新坑刺眼，旧坑才温润，就像竹器一样，用手抚摸的时间久了，自会生出一种温润的光泽，而且越摩娑越润泽。”①

“我有一次在北京去拜访铁宝亭，一时心血来潮，央求他给我看看他的宝贝，让我‘开开眼’。他带我来到中南银行北京分行，只打开了他的保险柜中的一个，其中我印象最深的是西太后的一对叫做‘丝瓜绿’的玉镯子，那种美妙的绿色令你看一眼就再也不会忘记。还有叫做‘三套环’的各色耳环，上面是翠，下面是‘藕粉地子’。翡翠戒指中有‘马鞍儿’，即上面是绿色的翡翠，下面是‘藕粉地子’，是利用一块玉石上不同的颜色整个地雕出。还有红蓝宝石，如玫瑰紫、石榴红等。他还曾向我打开一个盒子，里面整齐地排列着十几个翎管，那是大臣们的帽子后面插三眼花翎用的，都是上等宝玉。”②

对于其中提到的西太后“丝瓜绿”玉镯子，陈重远在其采访老北京古玩行业后编写的很多著述中都有提及。《骨董说奇珍》中有一段记述：

“民国十八年时，我听说孙殿英从西太后坟里盗出

---

①② 孙曜东．浮世万象．上海：上海教育出版社，2004．

> 的珍宝中有对翡翠镯，是翠镯之王。镯子的翠料是乾隆时缅甸国向中国皇上进贡的，材料好，是绝品，又加上乾隆时的做工，堪称世界之最、独一无二！……这一对世界上独一无二的翠镯，在民国十九年被铁巴（即铁宝亭）买到手，一直秘而不示人，收藏了十年。”①

这段记述也印证了孙曜东回忆的真实性。

从上面两段忆述中，我们可以得到这样的信息：

首先，民国初年的古玩、珠宝玉行内推崇宫中之物，历代内廷用品，特别是王公贵族使用过的东西，散落至民间成为行业中人竞相争购的对象。其不仅有珠宝自身的价值还兼有文物价值。

其次，宫中之物的质料珍稀昂贵，做工精致考究，装潢与配饰同样昂贵讲究。上文所说“乾隆时的做工”就是指乾隆时期督造的造办处下属御作的宫中作品，对于“乾隆作”、“乾隆工”的推崇一直是后世玉行、玉作信奉的准则。甚至在20世纪80年代，北京玉器行业还在讨论是否尽快跳出“乾隆的手心”，创新出适合时代的工艺美术风格。②

第三，对于琢制方法的标准，“利用一块玉石上不同的颜色整个地雕出”可以看出是一种巧妙利用玉材颜色的俏色巧作③的方法。这在民国时期的玉行中也是备受推崇的一种构思与琢制方法。

正是这些“大内之物”、“皇帝玩过的东西”的质料、工艺、

---

① 陈重远．骨董说奇珍．北京：北京出版社，1997：363.

② 顾芳松．尽快跳出“乾隆的手心”——再谈传统工艺美术的继承与创新．北京工艺美术，1988（2）.

③ 一种利用玉材颜色质地创作题材的方法，第5章中有详述。

审美等标准成为珠宝玉器商人、玉行玉作竞相效仿的范本。

民国二十四（1935）年，铁宝亭从上海买了块老山种翠料，绿色好，水分足，可是翠料有斑驳的脏点不干净，因此也便宜很多。他将翠料拿回北京，让当时宝珍斋掌柜刘启珍①相看如何制作。刘启珍手艺高超，擅长做素活，对制作首饰、镯子有独到之处，长期承做铁巴儿（回民中对铁宝亭亲热的称呼）送来的活儿。三个月后，刘启珍拿出用这块有脏点的翠料做出的一对翡翠麻花镯子。此镯子用巧妙的拧麻花的方法把脏点全部剔掉，因此颜色碧绿，水分足，色气正。麻花拧得很有劲儿。②

后来这对镯子又有了更传奇的后续经历。

> “民国二十五年，铁巴儿将这对翡翠麻花手镯以四万元卖给了杜月笙。后来听说，杜月笙夫人戴着这副翠镯遇到了蒋夫人宋美龄。宋美龄夸这翠镯式样新颖，碧绿如水，灵巧美观，可说是居翠镯之冠。杜月笙知道后，便将这对翠镯敬献给蒋夫人。……珠宝行多年传说着有三对翠镯是最好的，都是著名人物的手中珍宝。西太后的那对翠镯，李鸿章给他母亲买的那对乾隆作宝石绿翠镯，再有就是刘启珍做的这对麻花翠镯……刘启珍的手艺够可以的了，他做的翠活儿可以跟乾隆作媲

---

① 刘启珍（1880—1956），字宝臣，回族，北京人。擅长制作器皿，素活及平面浮雕。对练子活的设计尤为出色。新中国成立初期，刘启珍设计和指导完成的掐羌大瓶作为国家礼品，被周恩来总理（兼外交部长）送给埃及总统纳塞尔，上有阿拉伯文，由高级技工张潭上字。北京玉器厂建厂后，刘启珍为该厂第一任技术顾问。

② 陈重远. 骨董说奇珍. 北京：北京出版社，1997：362.

美了。”①

因为铁宝亭经常有宫廷之物藏于手中，其眼力、鉴赏力极高，同时又有能工巧匠长期为其专门琢制珠宝玉器。因此，“从20世纪20年代到解放前，举凡官宦政要、皇族富豪、社会名流、大收藏家，包括宋美龄、宋子文、孔祥熙、汪精卫、周佛海、白崇禧、顾维钧、张学良、黄金荣、杜月笙、戴笠、毛人凤、马步芳、张伯驹、张大千、齐白石、梅兰芳等等，在选购或出售珠宝古董的时候，都不约而同地认准了‘廊房二条一门铁’”。②

我们姑且不在乎这些传说之事的真实性，但是，这些玉行中人口口相传事情背后的价值观念是一致的，能做出和“乾隆作”媲美的手艺，是对民间玉作玉匠最高的褒奖，同时宫廷之物的综合品质仍然是王朝灭亡之后民间玉作所模仿的范本，能够达到这种品质的，即便是高仿的东西，也成为王权灭亡之后的又一代新贵追逐和消费的目标。

从这些记述中，我们发现，所有这些因素都在“作”这个多义的空间中揉合交融，形成这个行为中独特的一种氛围。事实上对于“玉作”的评价标准是从这个多义的价值系统中生成的。如果简单地用一个常见的词汇来归纳，就是“绝”。在玉作行业中最经常听到的评价术语就是“绝”或者“绝活”，绝的基本意味在于“无可比拟”。但能够配得上这个评语的对象却非常之少，因为这意味着“独一无二”或者“空前绝后”。前者是所谓“环比”，与同时期作品相比“独一无二”；后者是指向“同比”

① 陈重远．骨董说奇珍．北京：北京出版社，1997：362．

② 马汗．翡翠大王铁百万的发家之道．北京纪事，2007（5）．

的，与历史上相比即使不是“绝后”也意味着“空前”。而所谓“绝”的评价如上所述，一般来自三方面：“料”之绝；“工”之绝；“事”之绝。

“料绝”，需要的是品质上乘、巧色独特的料，如前述，“利用一块玉石上不同的颜色整个地雕出”之类；

“工绝”，需要历史上无以复加的工艺资源，如上文所说“乾隆时的做工”；

“事绝”，则是与此有关的人事脉络，从名士、名门、名坊到名工，社会人文关系的复杂性完全可能都投射到一件普通的玉工之上，它同样可能构成玉作超乎同类的独特价值。

这是一个存在于非文字记载的文化空间——“行”中的标准。在以审美品质为唯一标准的评价系统中，“行”的标准是可以视而不见的；但是在需要对工艺文化史的内涵进行更为真实的检测时，这些内容似乎反映出比主观划定的美学品质更为可信与真实的标准。原因非常简单，工艺文化的社会氛围本来就不只是为某种人为划定的审美评价而生成的。

2.2 京都玉作——行业之“作”的人物谱系

根据上文所述玉行发展的源流，以及行业之内成为价值共识的宫廷之物的品质与成做基准。我们发现，有这样三种人群构成了京都玉作从官作到民作发展历程中的行业谱系。

2.2.1 宫廷玉匠

“宗仁虽玉工，常以议事谘之，辄有近理之谈。夫坊者梓人虽贱役，其言有足警，不妨为立传，而况执艺以陈者，古典所不废，兹故檃括其言而记之。”

——《玉杯记》清高宗《御制文初集》卷五

《玉杯记》这段记述了：乾隆认为玉匠姚宗仁[①]虽然是和木匠、泥瓦匠一样的贱役，却经常言之有物、言之有理，他的话可以给后人作为警示，不如给他立个传，把他的技艺和经验记录下来。

在古代宫廷玉匠中，能够让皇帝为自己树碑立传的匠人可谓少之又少，大多数的匠人都是佚名，隐藏在器物的背后让人无从知晓。

故宫博物院现藏玉共计30 311件[②]，（藏品中，清代作品两万余件，明代作品五千余件，明以前作品四千余件。）这些珍品覆盖了自新石器时代起至清代末期约七千年的历史。如果算上史前文化时期的上古玉器，再算上散落民间和海外的遗珍，宫廷玉作给我们留下几万件精美的玉器，而琢制这些玉器的人却几乎没有记录。谁也不能否认，玉人看似改变的只是玉石的物理性状，却用“如切如磋，如琢如磨”的动作，使玉石具有了超越自然物的精神能量与复杂语义。如今，曾经的玉人们随时间湮没，只留下在他们手中琢磨、玩味过的玉器，散发着曾经过往的气息。

那些可以留名的玉人中，我们能确实考证的，大都是通过这

---

① 清早期著名的宫廷玉匠，于雍正七年入内廷造办处。乾隆十八年还有他供职造办处的记载。乾隆皇帝非常器重他，说他“其事有足称，其言有足警，不妨为立传……”

② 大型纪录片《故宫》第八集 故宫藏玉解说词。

样的方式被记录下来：

如意馆：乾隆十八年八月，

十二日，员外郎白世秀来说，太监胡世杰交白玉蝉一件，上嵌红宝石大小三块，汉白玉仙人一件，传旨："俱交姚宗仁将仙人颜色去了，其白玉蝉想法应改作何物改作何物。钦此。"

——《清宫内务府造办处各作成做活计清档》编3442号

雍正五年十一月二十五日，郎中海望启称，怡亲王查得造办处南方玉匠陈廷秀、许国正、杨玉病故，施仁正已回南去，今造办处做玉器南匠甚少，现有玉匠陈宜嘉、王斌、鲍有信等三名，今欲招募伊等顶替陈廷秀等四人在造办处当差，其所食工食亦照南匠例给等语。奉王谕："准伊等顶替，在造办处当差，其所食工食，尔等派等次，再启我知道。"遵此。

——《清宫内务府造办处各作成做活计清档》编3310号

以上是《清宫内务府造办处各作成做活计清档》（简称《清档》）中两条记有玉匠信息的记录。第一条记录了乾隆传旨让玉匠姚宗仁把太监胡世杰转交的白玉蝉想法改作成别的器物，同时把那件汉白玉的仙人的颜色去掉。第二条则记录了雍正五年，怡亲王考察造办处玉作，发现三位南方玉匠已病故，一位已回家乡。造办处的南方玉匠非常少。于是要再招募三位南方玉匠顶替他们的位置，一切待遇都按南方玉匠的惯例。怡亲王批准了他们在造办处当差，并且要求按他们的能力分出待遇的档次，再启禀告之他。

《清档》是清宫造办处承办各项御用活计的具体记录，相当于宫廷手工艺制造业的原始资料汇抄。历代宫廷手工业制造，只有清廷内务府造办处详细记述了从雍正元年（公元1723年）至宣统三年（公元1911年）各项御用活计的成做记录。因为此档案仅供内廷使用，因此毫无掩饰、造作之辞，非常翔实可靠。《清档》记录包含玉匠信息的实录约有三十条。[①] 能够以寥寥数语载名入册的玉人，只占宫廷玉人的少数。如姚宗仁一样，能够被皇帝召见且赏识的玉人，更是少之又少。

姚宗仁、陈廷秀、许国正、杨玉、施仁正、陈宜嘉、王斌、鲍有信，以及后面还要提及的邹景德、陈宜嘉、张君选、鲍德文、贾文远、张德绍、蒋均德、平七、朱玉章、沈瑞龙、李均章、吴载岳、王振伦、庄秀林……后人已经永远无法知道这些人名的主人长什么样，手上的技艺如何，甚至连见到他们传世作品的机会也几近于零；这些名匠之名能留给我们的唯一线索就是，被视为中华民族工艺之精华的玉作传统在宫廷中曾以这样的方式存在，而这个系统也是由这样的一些普通人名所组成的。

前文已述元明时期，宫廷玉作即有专门的职能部门设计图样并监管造作过程，到了清代，由于皇帝亲力亲为参与督造，造办处对于成做过程有更加明确而严格的分工和管理，便形成了一种治玉的标准。京都玉作的玉人里面最神秘莫测的就是那些宫廷玉

① 根据《清宫内务府造办处档案总汇》（人民出版社）查得，因其丛书没有完全出版，因此具体数据为不完全统计。

作里的玉人。来自南北各地的最高水平的工匠齐聚京师，代表了彼时琢玉最好的技艺水平与承做能力。内务府造办处的役匠，依籍属之地分“北匠”与“南匠”：“北匠”，指北京之工匠，籍贯则并非皆为京籍，而是包括华北各省，回疆玉匠亦在此列；“南匠”，则指湖广闽粤苏杭以及西洋匠人。①

在以宫廷技艺标准为轴心的京都玉作中，曾经具有深厚工艺传统和高超琢玉技巧的南方玉人成了宫廷玉作的中坚力量。

前述《清宫内务府造办处各作成做活计清档》里面有清宫玉人的记录，但能够通过记录考证玉人具体信息的资料实在少之又少。我们只能通过少许历史的记录和今人的传说做一个约略的分析。

前文述北京在元代即有“勒徙北居”技艺令北人“深叹讶江南技艺之人，呼曰‘巧儿’”的南方能工巧匠。元明时期的匠户制度也使匠人在贡役之外有相对自由的身份从事个体生产。到了清代，宫廷造办处如果因工作量繁重，工作不敷应急时会临时外雇工匠。随着造办处活计的增多，南方玉匠再次大量进入宫廷玉作行，特别是在清代雍正、乾隆年间。杨伯达先生在考清代玉器制作的文章中述：

> “造办处、如意馆玉作的玉匠有北京、苏州和满族八旗的家内匠。经常保持四五人的规模，当然，有时因特殊需要人员猛增，如乾隆四十四年太庙新制一色玉玉宝、玉册16份，临时从苏州调京玉工两批共16人，用一年时间刻汉字4千余，满字8千余。见诸档案的名工

---

① 彭泽益．中国近代手工业史资料，北京：中华书局，1984．

巧匠有邹景德、陈宜嘉、张君选、鲍德文、贾文远、张德绍、蒋均德、平七、朱玉章、沈瑞龙、李均章、吴载岳、王振伦、庄秀林、姚肇基、顾位西、王尔玺、陈秀章、朱鸣岐、李国瑞、王嘉令、朱时云、朱永瑞、朱光佐、朱仁方、六十三、七十五、八十一等。这里除了六十三、七十五、八十一系披甲旗人，其他绝大多数工匠均系苏州织造选送的。”①

被选送调往京都的南方玉匠最重要的集中地就是苏州专诸巷。造办处所以要征调苏州玉工的原因，最主要的一点是苏州玉工技术“精练”，北京刻手“草率”②。宋应星在《天工开物》中亦说：“良工虽集京师，工巧则推苏郡。”乾隆御制诗中也曾说：“相质制器施琢剖，专诸巷益出妙手。”这是对当时苏州玉工的高度评价。当时专诸巷玉匠在全国玉器业中技艺水平是首屈一指的。

这些南方玉匠，活计精巧细密，同时一专多能，特别擅于相材、画活和品鉴。③ 在宫廷玉作严密有效的管理制度下，他们为“北玉”增添了相材治玉的灵活性以及补充了制作技巧上的不足，使京都玉作在艺术造诣、碾玉技巧等方面在清代有了长足的发展，形成了南匠碾玉技巧与宫廷审美趣味结合的新型玉作风格。本节拟以清代造办处的文字资料，在前人对于清玉的研究成

---

① 杨伯达．清代玉器的繁荣昌盛期．收藏·拍卖，2008．

② 杨伯达．清代宫廷玉器．故宫博物院院刊，1982（1）．

③ 相材、画活、是玉器制作过程中具有设计意味的独立程序，第5章中将有详述。品鉴是指品评鉴赏能力。

果之上，勾画出宫廷玉匠的大致轮廓和面貌。

玉作：雍正三年。汉玉二件。

传旨："认看，钦此"

据玉匠陈廷秀认看得，一件系汉玉发簪，一件系汉玉小刀把。淡绿玛瑙鹦鹉食桃块一件，传旨："认看鹦鹉眼，钦此"

据玉匠陈廷秀认看得，系安的。

——《清宫内务府造办处各作成做活计清档》编3294号

玉作：雍正八年十月二十六日，据圆明园来帖，太监张玉柱交来汉玉陈设一件，随紫檀木座。

传旨："着认看，是件何物？钦此。"

于本日玉匠都志通认看得，系汉玉笔架。

——《清宫内务府造办处各作成做活计清档》编3332号

如意馆：乾隆十八年八月，十二日，员外郎白世秀来说，太监胡世杰交白玉蝉一件，上嵌红宝石大小三块，汉白玉仙人一件。

传旨："俱交姚宗仁将仙人颜色去了，其白玉蝉想法应改作何物改何物。钦此。"

——《清宫内务府造办处各作成做活计清档》编3442号

以上这三条《清档》的记录，记述了雍正、乾隆帝让宫廷玉匠认看贡玉是何材料，功用如何，以及如何制作的情形。这样的记录，在《清档》中多有记述。特别是乾隆对工匠姚宗仁的旨意为，“其白玉蝉想法应改作何物改何物”说明对姚宗仁的设计、画活能力有着充分的信任。玉匠能够认看，就是指有对古玉器、玉材的鉴识能力。在原来的古玉器上做改制，就更需要量材就料并谨慎施艺，否则，就会少则被罚“钱粮”,[①] 多则“重责四十板”[②]。至雍正始，造办处对于各作的管理就亲力亲为，比如：

> 雍正元年正月十四日怡亲王奉旨下谕：“嗣后尔等俱要各尽职分，不可疏忽。如匠人有迟来、早散、懒惰、狡猾、肆行争斗、喧哗高声、不遵礼法，应当重责者，令该管人员告诉尔管理官，启我知道再行责处，不许该作柏唐阿等借公务以报私仇，擅自私责匠役。遵此。”
>
> 《养心殿造办处史料辑览》第一辑雍正朝

造办处对于宫内各作活计的宫廷式样都有严格的规矩和

① 乾隆八年十一月记事录：初八日，司库郎正培、骑都尉巴尔党来说，太监张明传旨：“玉匠姚宗仁，不过一时知之错，今将此青玉着他照样做托盘一件，如一月做得，罚他一月钱粮，如两月做得，罚他两月钱粮。钦此。”《清宫内务府造办处各作成做活计清档》编 3401 号。

② 乾隆四十二年，记事录：奉旨：“交汉玉蚕纹高足觥，于光做时该匠将底足焊口脱落，该管官员并未声明具奏，即私行粘焊，又不坚固，着查奏。钦此”奴才查得该处官员于交出光做焊口脱落时，即应报明具奏后，再行粘焊，令值班库掌福庆，并未声明，任令该匠七达子率意先做，致底足焊口脱落，后又复粘焊不坚，殊属不合。请将库掌福庆罚俸三个月，玉匠七达子重责四十板，以示警戒，奴才现在伤，令该匠将汗玉觥敬谨粘妥，贡呈御览。谨奏，奉旨：“知道了，其汗玉觥着配香几座。钦此”《清宫内务府造办处各作成做活计清档》编 3401 号。

限定：

雍正五年闰三月初三日又说："朕从前着做过的活计等项，尔等都该存留式样，若不存留式样，恐其日后再做便不得其原样。朕看从前造办处所做的活计，好的虽少，还是内廷宫造式样；近来虽甚巧妙，大有外造之气，尔等再做时，不要失其内廷恭造之式。钦此。"

——《清宫内务府造办处各作成做活计清档》编3310号

"雍正三年六月初二日，怡亲王呈进，奉旨：抢风帽架只许里面做，不可传与外人知道。如果照此样改换做出，倘被拿获，朕必稽查原由，从重治罪。钦此。"

这样的"恭造之式"成为宫廷制器的唯一标准，匠师们必须严格按照图样，摈弃所有的"外造之气"的形制，使宫廷玉作有自己的式样标准。皇帝不允许有任何地方风格的工艺制作气息渗透到宫廷里来，更不允许宫内的技艺外传。此"内廷恭造之式"成于康熙朝，明确在雍正朝，乾隆时期更是一脉相承，有严格禁令。但从以上记述，乾隆居然可以着姚宗仁"其白玉蝉想法应改作何物改何物"，可见得玉匠的设计水准足以让皇帝放心随他去做。

这一时期的《清档》里，经常见姚宗仁、都志通等南方玉匠负责挑选玉材、设计画样的记载。如：

"乾隆六年二月初一日，太监张明交青玉一块，由玉匠姚宗仁画样。十六日姚宗仁画得凫樽纸样一张，呈览，奉旨准做。三月初一日，如意馆持出青玉一块，弘历谕交织造图拉办做。于乾隆十二年十一月廿三日织造图拉送到青玉凫樽一件，呈进讫。”

对于南方玉匠，乾隆皇帝认为“相质制器施琢剖，专诸巷益出妙手”，是相玉选材、设计制器样样都是妙手的全能人才。乾隆皇帝对玉匠姚宗仁更是钟爱有加，说他“其言有足警，不妨为立传”，可见宫廷玉作中，南匠所起的作用和价值。

杨伯达先生在《清代宫廷玉器》一文中考述了清朝顺治——乾隆二十四年（公元1644年—1759年）115年间，清廷玉匠大都来自南方，如杨玉、许国正、陈廷秀、都志通、姚宗仁、韩士良、邹学文、黄国住、施仁正、陈宜嘉、王斌、鲍有信、顾觐光、倪秉南、周云章、张家贤、朱彩、金振寰等。这些南匠不仅手艺精绝，其中都志通、邹学文、陈廷秀、黄国住等还擅长鉴定。这批南匠妙手除了自己亲自琢玉，还有一个任务就是指导“学手玉匠”学习制玉和提高技术。[①]

如果说自元代建大都始，京都玉作开始蓬勃发展，那么明清时期，京都玉作就已由宫廷御作为主轴，开始形成自己的范式：“恭造之式”的稳定样式，各作成做对设计的严格执行，最后再交由皇帝审阅评价。宫廷玉作成做的玉器除了不需要售卖，只是来满足皇室、王公贵戚、满足上层人物等需要之外，已具备了设计——制作——监作——评鉴一套完整的设计秩序。

宫廷玉作中高手荟萃，由宫廷画师参与设计，验收标准严格。保证了整个作品的质量。这样的成做标准也为民间玉作的成器式样与技艺水平树立了一个目标。以至于民国初年，京都玉作

---

① 杨伯达．清代宫廷玉器．故宫博物院院刊，1982（1）．

的玉器铺中讲究与被追捧的还是“大明作”[①]、“乾隆作”[②]、“西番作”[③] 的玉器作品。

2.2.2　民间玉匠

元明时期北京地区的民间玉作，一般只是承做一些小型的活计，供商贾大甲，文人雅士等民间高层摆设品玩。前文述，乾隆五十四年（公元 1789 年）北京玉器行会建立，设琉璃厂小沙土园长春会馆为玉器行会酬神议事的场所，并尊邱祖为玉行祖师。乾隆年间，民间已经有组织的玉器业行会，说明当时民间玉作的发达。民间玉匠虽不如《清档》中记载的宫廷玉匠那么严格遵循制度，但是因为“上行下效”的原因，也以宫廷的标准作为追求的目标来要求自己。

明代苏州民间琢玉大师陆子冈虽身为工匠却“名闻朝野”，其玉雕技艺享称“吴中绝技”，所制玉器人称“子冈玉”，在当时就为达官贵人所追求，也被老百姓口口相传得神乎其神。也是因为出身民作的他，技压群工，盛名天下。连皇帝明穆宗朱载闻知后，都命他在玉扳指上雕百俊图。雕好后龙颜大悦，他的作品便成了皇室的专利品，以至于后世有人专门按照他的习惯和样式做子岗牌和提款等风格类似的作品。由此看出，能够达到并超越宫廷玉作的样式和技艺，是民作工匠所追求的终极目标。

---

① 明代宫廷御作的玉器作品与手法。

② 乾隆时期的宫廷御作，如意馆、造办处玉作中的玉器作品与手法。

③ 乾隆时期宫内工匠仿制痕都斯坦的玉器，称“西番作”。

由于宫廷对于玉料的严格控制，玉材的采集和使用均由皇家垄断。一般的民间作坊很难得到上等的好玉料，因此民间玉匠即使身怀绝技也很难有机会做出质美工精的上品。民间玉作更没有机会承做大型、高级的玉器。

皇家不但对采玉严格控制，进入内廷后的玉料也有严格的分发制度。根据《清档》记载，当时的贡玉进入宫廷以后，“着××分析挑选画样呈览，钦此。”分拣相料的官员，经检验定级画样后奏：“挑出画样玉子五十六块，画得佛三尊，罗汉十八尊……即于本玉上画样呈览。”经过皇帝审阅后，要列派发各作成做清单“另缮清单分发各盐政织造处成做内，留如意馆成做者六项，其余又挑得二等玉子八十块，三等玉子一百块……留如意馆做材料用剩余五等玉子四千七百三十六块请交广储司银库收贮”后再奏，最后皇帝批阅：“准，照所拟清单分发各处成做。钦此。”①

这样严格的玉材采集审核制度基本上使高档玉材全部流入宫中，那么民间玉作如果没有材料来源又何以形成行业规模，并成立行会呢？

玉器商人在这个环节中就起了大作用。（下节将作详述）虽然玉料稀缺，但是通过其他非官方正规渠道得到玉料的方式也是屡禁不止的。乾隆南巡时看到苏州、扬州的玉肆中感叹：“一望而知为和阗之产，可见回人及过往市侩循利透漏，流运中华，可听之耳。”虽是感叹，可对于已经进入民间的玉材，皇帝也没有办法，而采取了宽容不究的态度。其原因，除了乾隆自己的说法

① 采编自一则《清档》记录。

“虽知之而不加严禁”① 外，还有另一个因素，即民间私贩玉料流向的终端——民间玉作坊，与宫廷玉器的制作关系极为密切。那么民间既然有了材料渠道，只要再有精工，就可以承做精美玉器了。

至此，民间玉作只差通晓宫廷样式与技艺的精工了。

前文述雍正对宫廷的“恭造之式”要保持严格的正本清源的态度，不可有外造之气，同时也不能使宫廷技艺外露。那么这些式样是如何进入民间又成为民作效仿的标准呢？

前述造办处由民间征调来的役匠，依籍属之地分为“北匠”与“南匠”：“北匠”由北京、华北各省、回疆玉匠组成，南匠则由湖广闽粤苏杭以及西洋匠人组成。其中又分“传差南匠”、“供奉南匠”与“抬旗南匠”。“传差南匠”为因某种特别需要而受招募北上入京之匠人，竣工则资遣归南，属于临时的性质。“供奉南匠”则是年老后始归原籍。而“抬旗南匠”乃终生隶籍内务府，永不归南。② 从造办处的工匠构成，及其征役方式中，似乎有以下几种原因可能促成这种从宫廷到民间的流动。

第一个原因是宫廷玉匠的新陈代谢。

雍正五年十一月二十五日，郎中海望启称，怡亲王

---

① 《高宗纯皇帝实录》，1 070 卷，15 740 页。“自平定回部以来，所产玉石除交官，所余招商变价外，其回民违禁私卖，奸商潜踪私买，载回内地制器牟利者，并不始于此时。而迩年来，苏州所制玉器，色白而大者不一而足，非自回疆偷售而何？朕久经深悉，第以国家幅员广阔，地不爱宝，美玉充盈。以天地自然之利供小民贸易之常，尚属事所应有，虽知之而不加严禁”。张丽端．从“玉厄”论清乾隆中晚期盛行的玉器类型与帝王品味．故宫学术季刊．2000，18（2）．

② 彭泽益．中国近代手工业史资料，北京：中华书局，1984．

查得造办处南方玉匠陈廷秀、许国正、杨玉病故，施仁正已回南去，今造办处做玉器南匠甚少，现有玉匠陈宜嘉、王斌、鲍有信等三名，今欲招募伊等顶替陈廷秀等四人在造办处当差，其所食工食亦照南匠例给等语。奉王谕：“准伊等顶替，在造办处当差，其所食工食，尔等派等次，再启我知道。”遵此。

——《清宫内务府造办处各作成做活计清档》编3310号

记事录：雍正十年四月初十日，柏唐阿使保来说，内大臣海望谕：“南玉匠胡德成年老不能责役，着革退。”记此。

——《清宫内务府造办处各作成做活计清档》编3349号

既然有“供奉南匠”的匠人退休而告老还乡，就说明北匠中也有宫廷玉匠着退。老玉匠退休，又有新玉匠补充进来。能够进入宫廷玉作中的匠人待遇还是相当不错的。“每月食钱粮银四两，每年春秋两季衣服银十五两。”也许，这也是虽然进入宫廷御作“伴君如伴虎”，但还是不断有民间玉人被选送进入宫廷的原因。毕竟，在信奉技艺至上的手艺人中，这是对民间匠人的技艺价值最高的一种肯定。

告老还乡的宫廷玉人带回了宫廷玉作的规矩范式，使“恭造之式”传入民间，如果能力所及，还可以带徒出师。更多的年轻玉匠能够通过宫廷的试用，被招至御作。这便是宫廷范式流入民间的第二个原因：试用制度。

试用是宫廷玉作对新招募来的玉匠的考核阶段。

记事录：雍正七年十月初三日，怡王府谕：总管太监张端交来年希尧处送来匠人摺片一件，内开：玉匠都志通、姚宗仁、韩士良等，随籍贯摺片一件，食用银两摺片一件。传怡亲王谕："着交造办处行走试看。遵此。"

——《清宫内务府造办处各作成做活计清档》编3326号

行走试用制度就跟现在的实习试用一样，如果考核通过，就可以留在造办处御作工作。如果技艺本领没有达到要求，就要被革退还乡。被革退还乡的匠人毕竟有造办处御作的工作经验，对其严格的分工方法也略知一二，这样理应是一种将宫廷样式输之民间的方式。

第三种原因就是临时征用结束，返乡回籍的"传差南匠"。

乾隆四十四年十二月记事录。二十一日，接得郎中保成帖，内开，初四日，太监厄勒里传旨："镟玉匠平七、朱云章，俟启祥宫放年假时，不必进启祥宫，加恩，着伊回籍。钦此。"

——《清宫内务府造办处各作成做活计清档》编3612号

乾隆四十七年九月行文。二十四日，接得郎中保成等押帖，内开，九月二十二日，新来刻玉字匠刻得玉活，随各单呈览。奉旨："姚肇基、顾往西，留如意馆，余准回南。钦此”

——《清宫内务府造办处各作成做活计清档》编3631号

较动辄嗜杀的多数中国皇帝相比，乾隆帝是个喜爱艺术的性情皇帝，尤其喜欢玉器，甚至被后人称为“玉痴”。从上段记事录我们看出，皇帝也会对玉匠网开一面，免于繁复礼数。“加恩，着伊回籍”，出色完成任务，被“准回南”的玉匠似衣锦还乡，也带回了宫廷玉作的信息。

以上只是通过《清档》记录来约略分析了“恭造之式”如何流入民间的可能方式。有的“抬旗南匠”老匠人一辈子终老在宫中，根本没有机会回民间传授技艺。前面所述乾隆帝器重的工匠姚宗仁自雍正七年（公元1729年）被招募造办处“行走试看”，一直到乾隆十八年（公元1753年）还在如意馆做活计。有确实记载的时间已长达二十四年。

所以，真正使恭造、民造相互对接的方式应该还是那些可以连接宫廷与民间的亲王、掌管、士大夫等中间阶层。民造可通过他们将各地贡奉的精品输之于宫，他们又可以将皇宫的趣味式样输之宫外，这并不需要真正的将成器实物带出，而只要将遍览群芳之后形成的眼力和意识带出，就足以成为民作成做的设计标准。正如一篇关于设计制度的博士论文所说：“中国古代工艺美术的辉煌，除却宫廷造物本身的丰厚资源与民间的智力汇流，实际有一种很重要的设计力量在推动，这个力量正是来自眼力颇高的帝王和游走于朝野的士大夫，他们理想中的物体系在和原生态工艺技法结合的过程中，构筑了一个完整的设计体系。”①

民国初年，清廷灭亡。内务府造办处督造玉器的官府作坊等全部解散。有的顺势转为民办。至此，我们才得以见到宫廷玉作范式在民间与民间创造兼容发展后的状况。京都玉作的面貌也就在那时得以呈现和固定。据老珠宝玉器行人忆述，民国之初，北京有七八家较大的玉器作坊，以廊坊三条刘启珍开设的宝珍斋、廊房二条梁幼麟所设的荣兴斋和炭儿胡同高姓所办的作坊规模较大，皆有工匠数十人。各玉器作坊的掌柜或师傅都有较高的技术，既能设计、画活，又能“上凳”磨活。全行业从事玉器加工制作的人员不下数百人。其中不少能工巧匠，制作出精湛工艺品甚多。② “给皇家做玉器活的工匠也参加进来了，好手艺妙技巧没失传断捻儿”③

北京崇文区志记载，清代在花市大街以北的胡同内出现玉器作坊，民国初年，发展到五六十家。20世纪30年代，有些作坊不仅有师徒数人集中制作，还找外人加工，如德丰号曾有集中与分散的生产人员40余人。

据陈重远《文物话春秋》一书所附老珠宝玉器行人回忆和记录中记载：

> “高忠、杨进贤记录30年代玉器街——廊坊二条街上著名的铺面字号。
>
> 路南由东往西：

---

① 熊嫕．器以藏礼——中国设计制度研究．北京：中央美术学院，2007.

② 陈重远．老珠宝店．北京：北京出版社，2005：238.

③ 陈重远．骨董说奇珍．北京：北京出版社，1997：360.

义宝斋珠宝店、永宝斋玉器铺、义巨斋玉器铺、悦华斋玉器铺、敦泰永银号、全兴圣珊瑚店、宴古斋玉器铺、德源号金珠店、天瑞祥玉器铺、聚珍斋珠宝店、万巨斋玉器铺、协成玉器铺、义成厚玉器铺、德润斋玉器作、瑞文斋玉器铺、天昌厚珠宝店、义兴书珠宝店、聚珍厚珠宝店、兴古斋玉器铺、泉润斋玉器铺、恒林祥玉器铺、盔头作坊、富德润玉器铺。

路北由东向西：

天宝金店、天成金珠店、聚源楼金珠店、义巨金珠店、同义斋玉器铺、富巨金珠店、盔头作坊、宝权号玉器铺、恒圣兴珊瑚庄、李海龙玉器铺、荣兴斋玉器铺、正兴斋玉器铺、澄德阁玉器铺、怀宝斋玉器铺、蕴宝斋玉器铺、俊古斋玉器铺、德源兴玉器铺、荣宝斋玉器铺、鉴宝斋玉器铺、第一楼、宏昌金珠店、德文斋玉器铺、裕兴酒铺、兴源斋玉器铺、铭宝斋珠宝店、王圣公玉器铺、德义兴珠宝店、华兴斋玉器铺、集珍斋珠宝店、利贞号。

这些字号在20世纪40年代还存在，那时廊坊二条这条玉器街上约有近百家的玉器铺、金珠店和玉器作坊，还有几十家的字号没有记录下来。”

这些文字记载与玉行老人的叙述大都吻合。直到1953年，潘秉衡等民间玉人在境内组织起第一玉器生产合作社。1954年，崇文全区玉器行业有230户，534人。1957年，又成立四个玉器社，共848人。是年，全市生产玉器的一个公私合营厂、六个生产合作社均在境内，从业人员1 200余人。1958年，一厂、六社合并成立全国玉器生产规模最大、全市琢玉名家荟萃的北京玉器厂，职工达 1 483 人。①

京都玉作的玉人终于以真实的面貌出现在人们的视线中。最著名的就是号称“四怪一杰”（一说“四怪一魔”）的潘秉衡、刘德瀛、王树森、何荣以及刘鹤年。他们各自都有自己的绝活和拿手把式，成为建国后公私合营北京玉器厂和北京工艺美术研究所的开山鼻祖，他们带出的徒弟 20 世纪 80 年代大都被评为中国工艺美术大师，通过他们的记述，我们才得以获知当时玉行及作坊内的真实原貌。

与他们同时期的琢玉高手还有廊房二条义珍荣掌柜李耀，宝珍斋玉器作刘启珍，擅长修补玉器的兴源斋掌柜穆振祥，廊房二条制作翠玉鼻烟壶技艺高超的“寿面刘”，仿制汉玉出名的荣兴斋掌柜梁幼麟，素活高手夏长馨以及被称为“鸟张”擅长琢制玉鸟禽的张云和等。

有了这些身怀绝技甚至曾经是宫廷玉匠的民间匠人，民间玉作在清末民初进入最蓬勃的发展时期。这是一个宫廷玉作与民间玉作完全融合与发展的时代，被封锁了几百年的恭造与民造的隔阂终于由于历史的变迁而消融，各种各样的创造力激荡在融合后的京都玉作的系统中，使宛若新生的京都玉作在以技艺至上、“不逾矩”的宫廷范式中轴制约之下，又焕发出民间创造的生命力，得到了自由而长足的发展。如：潘秉衡在研究恢复“压金银丝嵌宝”工艺技术中，同时研究乾隆年间来自痕都斯坦的“痕玉”纹饰丝路，并加以改进。

---

① 潘非，等. 北京市崇文区志. 北京：北京出版社，2004：533.

此时的民间玉匠几乎人人都是一专多能、深谙触类旁通之道的手艺人。他们对京都玉作的最大贡献就是他们在手工艺制作中表现出的创造价值。之前宫廷玉作中，严密的成做制度保证了玉作高端技艺的纯正血统，但是也少了在实践中的灵活变通。一般手艺人讲究术业有专攻，擅长某一方面的技艺或某一类型的制作。而此时的民间玉作大师在熟稔琢玉技巧之上，能把其他手工艺的技艺经验与自己的琢玉经验糅合到一起，超越技艺的门限，达到一种融会贯通、创作与技艺趋于自由境界的状态。

与此同时，上文提到的玉器商号、玉行商人在联结宫廷与民间、制作与售卖的环节中起了关键的作用，他们独具鉴赏力的一双“慧眼”将宫廷玉作的品质化为一种民间玉作所遵循的标准，他们以丰厚的财力与卓越的胆识穿梭游走于作坊与流通领域，并带来了成做玉器的材料。玉行商人用“眼力”所设定的设计与成做标准在与坊内玉匠技艺的互构中推动了集质料之高、眼力之高、技艺之高于一身的京都玉作行业之作的整体品质和价值标准。

2.2.3 识宝商人

> “西宁之西五十里曰多坝，有大市焉。细而珍珠玛瑙，粗而氆氇藏香，中外商贾咸集。一种缠头回子者，万里西来，独富厚于诸国，又能精鉴宝物，年年交易，以千百万计。”
>
> ——《塞外杂识》[①]

---

① 冯一鹏. 塞外杂识. 天津：天津古籍出版社，1987.

“其人善鉴识，故称曰识宝回回。而种类散处南北，为色目人甚伙。”

——《皇明世法录》

“回回三大行：珠宝、饭馆、宰牛羊。”

——回族古谚

在民国老北京的玉行商人里，有一种见怪不怪的现象，“玉器行里回民多”[①]。玉行中人包括两种：琢玉之人与售玉之人。回民在北京玉行中大多为售卖玉器的商人。因为他们具有高超的鉴赏与识别珠宝玉器的“眼力”，为京都玉作的评鉴与售卖环节增添了一道“慧眼”之门。

北京珠宝玉器行业大部分集中在前门外廊坊头、二、三条（二条的店铺最多）和崇文门外花市上、中头条，二条、三条、四条一带的营业规模大小不一。经营方式有门市、内局批发、行商、摊商、连家铺、串街小贩等，另外还有玉器作坊和个体手工艺人，在北京解放前夕，总共约有七八百户，从业人员不下两千来人，其中回族占百分之七十。[②]

据李伟《抗日战争中的回族》一书中记载，到20世纪40年代末期，回民在北平有数百家作坊和铺面，如“玉器铺151家，玉器作坊15家，青山居玉器市98家。从业人员2 000多人，其中回民占70%以上。玉器行经营的对象不同，可分为洋庄（以洋人为对象），本庄（以本国人为对象）及蒙藏庄。回民在玉行中有成就者不乏其人，如余宝斋闵姓、义宝斋张姓、荣兴斋梁姓

① 陈重远．鉴赏述往事．北京：北京出版社，1999：13.

② 陈重远．老珠宝店．北京：北京出版社，2005：5.

都很有名。被称作‘翡翠大王’的铁宝亭，也是回民中玉行的大亨”。①

这些记述都印证了玉器行里回民多的真实性。虽然没有具体的统计数据，但据现有史料与口述记载，下面几位是可以证实为回民的近代玉行人，列简表如下：

玉器作坊（商铺）	掌柜	情况	地址
	寿面刘	善雕玉鼻烟壶，身怀绝技，可以使烟壶壁薄如纸，置于水中，马上漂浮。故而称为“水上漂”。牛街胡同因此人而命名	牛街寿刘胡同
宝珍斋	刘启珍	刘启珍（1880—1956），字宝臣，回族，北京人。擅长制作器皿，素活及平面浮雕。对练子活的设计尤为出色。新中国成立初期，刘启珍设计和指导完成的掐丝大瓶作为国家礼品，周恩来总理（兼外交部长）送给埃及总统纳塞尔，上有阿拉伯文，由高级技工张潭上字。北京玉器厂建厂后，刘启珍为该厂第一任技术顾问	廊坊三条
德源兴	铁宝亭	人称“翡翠大王铁百万”擅长鉴定珠宝翠钻。海内外声誉显赫	廊房二条
三义兴	沙云五	玉器商人，人称“沙百万”	
	高济川	清末卓越相玉家和设计师，曾任北京市玉器厂技术顾问	

① 李伟，等. 抗日战争中的回族. 兰州：甘肃人民出版社，2001.

续 表

玉器作坊	掌柜	情况	地址
余宝斋	闵 × ×		
荣兴斋	梁幼麟		
富德润	常星垣		
集珍斋	改松岩		
万聚斋	马少宸		
义聚斋	马子清		
永宝斋	常惠川		
晏古斋	穆德俊		
德义兴	黑文志		廊坊二条
		义兴成、铭宝斋、兴源斋、澄怀阁、怀宝斋、同义斋、润宝斋、福德润、瑞文斋、聚珍厚、义成厚、天瑞祥、三义兴、德元斋、悦华斋、德文斋、义宝斋、等字号。(《回族研究》2008 年 4 期)	

北京的玉器行会既包括玉器商又包括玉器工匠，玉行里这么多的回民有其特殊的历史原因。追溯其历史，回民进入中国始于自唐代起的徙居，回族先民从那时起就开始了大规模经营珠宝玉石业的历史。“诸蕃国之盛多宝货者，莫如大食国。”[①] 据《通鉴》贞元三年条记载，玄宗天宝年间（公元 742 年—756 年）以来，阿拉伯、波斯商人“留长安久居者或四十年”，“安居不欲归”，“有田宅者，凡得四千人”。长安城内有专门为这些蕃商设

① 宋・周去非．岭外代答校注．杨武泉，校注．北京：中华书局，1999．

立的“西市”。[①] 古兰经载：“穆罕默德说：‘工艺可使人从穷困上安宁。’‘你们要有一种技术，因为每个人都需要有一种职业。’‘安拉最喜爱精练的工人’”[②] 因此，回民里面有非常多的手艺人。

本书在回溯京都玉作起源的时候，提到成吉思汗三次西征带来的大批穆斯林工匠和商人也是玉行商人的来源。他们因为眼力卓越，被称为“识宝回回”。

在元代东来的回民中，回回工匠达若千万人，参与的生产门类很多，且有一大批从事细巧手艺的人，是回族世代传承的经济生产力量，表现出鲜明的工匠生产习俗。在元代，不少回族工匠还被编入官局搞制作，仅在弘州设的官局中，就曾有西域织金绮纹的工匠三百余户。明代，回族的工匠和手工业生产有了进一步的发展。其主要原因：一是农村、牧业的发展为手工业和工匠创造了一个良好的条件；二是回族人大都住在城镇和交通要道，产品有市场、销路好，促进了手工业的发展。[③]

回民中有一句俗语：“回回三大行：珠宝、饭馆、宰牛羊。”元代有许多回回巨商经营香料、珠宝、金银器皿和药材，一些回回商人还擅长海上贸易，其足迹达亚非十数个国家和地区。元史载“回回勃克、马合谋沙等献大珠，邀价数万锭”，“回回以宝玉鬻于官”。[④] 由此可知元代回回商人资本之雄厚，且以珠宝业为主要经商行业。他们把西域的珍稀玉材带入中原，从而推动了

---

① 王平．“识宝回回”的历史传统与时代创新．回族研究，2008（4）．

② 王正伟．回族民俗学．银川：宁夏人民出版社，2008：224．

③ 王正伟．回族民俗学．银川：宁夏人民出版社，2008：226．

④ 白寿彝．中国回回民族史．北京：中华书局，2007．

民间玉作的发展。即使是宫廷禁私玉的时候，也是他们通过各种变通手段使玉材流入民间。乾隆年间平定回疆以后，珠宝商人更频繁往来于西域与中原进行玉材的流通交易。

回族人有善于经营珠宝的传统，最主要的还是善于识宝。所以在明代就获得了“识宝回回”的荣称。“其人善鉴识，故称曰识宝回回。而种类散处南北，为色目人甚伙。”[①]回民在元以后历代朝廷定都的地方，都经营珠宝玉器，供宫廷和贵族购买，凡是历代朝廷定都的城市附近，都有回民开设的珠宝玉器店。[②]

① 《皇明世法录》卷81。

②

嘉兴	郭家	银楼
嘉兴	沙家“沙百万”	珠宝店
南京	贡院西街	珠玉店
南京	常子春	荣宝斋
南京	改氏	中央首饰商店
上海	哈弼龙	天宝斋
开封		德宝斋古玩店
开封		韫玉斋
武汉		万金斋珠宝商店
武汉		伍云记珠宝商店
武汉		钱云记珠宝商店
青岛		义和古玩店
青岛		志成古玩店
青岛		雨辰商行
苏州	杨源记	玉器商行
苏州	王复兴	玉器商行

元大都定都北京之后，玉器的制售中心便由苏、扬地区移至北京，并维持了六百多年（公元1267—公元1912）。明清宫廷、贵族用玉的需求更促进了玉器业在北京的发展。“识宝回回”们因此也把制售的重心转移至北京。

在北京，这些回民商人和手艺人大部分集中在西城崇文区内以花市北大街为中心的花市各条、唐刀、堂子、雷家、珠营等胡同和羊市口、小市口一带，[①] 从事商业，特别是珠宝业。全国著名的珠宝玉器市场——青山居，即位于北羊市口街路东，所有回民中的珠宝商也多在此居住。

青山居内比眼力，用“袖内拉手”的方式交易。虽然没有严格考证这种交易方式是否源自回民，但是，据说回民在谈皮毛、牲畜等生意时，是采用“掏麻雀”的交易方式，就是卖者把羊皮抱在怀里，把手藏在羊皮底下，先用手势开价，买者把手伸到羊皮底下，去摸卖者手里开出的价格，自己再开出还的价。交易牲畜和其他货物时，买卖双方将袖口对准袖口，一方用手势开价，另一方还价。

据回族老人讲，这种“掏麻雀”的交易方式，简单保密，两个人的事由两个人来交易，不希望更多的人插嘴插手，以免抬价或压价。如果交易不成，双方用眼神表示，心照不宣，另寻他人，正如回族谚语讲的“买卖不成仁义在”。这种方式互不争执和伤害感情，表现了回族人民文明的经商交易习俗。[②]

---

① 彭年，刘盛林．北京回族史料//胡振华．中国回族．银川：宁夏人民出版社，1993.

② 王正伟．回族民俗学．银川：宁夏人民出版社，2008（2）：220.

这种“掏麻雀”的方法和老北京古玩行中“袖内拉手”的方式有异曲同工之处。此外，“牙齿当金使”也是回民珠宝商和古玩商的规矩，即不立字据，完全靠口头承诺进行交易，诚信买卖。《古兰经》中强调：“你们不要借诈术而侵蚀别人的财产。”[①]“后世之日，招谣撞骗的奸商，同暴君恶霸复活在一起，忠实利人的义商，同圣贤烈士复活在一起”。[②] 因此，坑蒙拐骗、使用诈术是会被诅咒的恶习。这也应了回民那句“拿了寺上一粒米，祖祖辈辈还不起”的不可贪不义之财的古语。

民国时期最著名的“识宝回回”应属翡翠大王铁宝亭。彼时，是清王朝与民国新旧政权交替和军阀混战的特殊时期，京城珠宝翡翠市场非常活跃。琉璃厂玉器铺德源兴的回民掌柜铁宝亭因为其过人的胆识和鉴识能力脱颖而出。有意思的是，德源兴是由铁宝亭的父亲创立的，铁氏父子都为农民出身，即使是铁宝亭成为百万富翁，在珠宝界名声大震之后，每年农忙时，依然要回乡务农。因其父立下规矩：既经商又种庄稼。所以铁宝亭即使是在接受日本珠宝商邀请参加名古屋博览会的时候，依然穿着朴素。以致日本记者一时找不到中国的翡翠大王，见到时则非常奇怪，在报上登出“中国翡翠大王是农夫”的报道。[③]

“识宝回回”是以民族信仰为纽带组成的一个商人群体，他们敢于冒险、游走四方的胆识，公平守信、团结互助的习惯，神秘莫测、胆大心细的交易方式，用自己民族特有的经商道德与行为模式，为京都玉作的评鉴与售卖环节添上了浓

---

① 《古兰经》第 4 章第 29 节。

② 马福龙《伊斯兰浅论》。

③ 陈重远．老珠宝店．北京：北京出版社，2005：179．

墨重彩的一笔。

值得一提的是，回回民族笃信自己的伊斯兰教，但是并不排斥每年的“燕九节”对于玉行邱祖的祭拜。在很多城市，祀奉邱处机的道观经常设于城市的回民集中居住区中间或附近。白云观就与回民居住的牛街和花市口距离不远，济南的长春观就位于回民区内，而沈阳的太清宫也位于回回营的附近。我们难以考证邱处机、玉器、回民三者之间是否有着必然的联系，不过，邱处机游历四方，几上天山的记载和路线确实经过了若干穆斯林聚集区。对于治玉相玉的传说，则与回民善鉴识珠玉的记载不谋而合。我们不妨做一个大胆的推测，游历四方、几上天山、身怀琢玉手艺的邱处机与同样走南闯北，“根子来自天山外”[①]，身怀识宝能力的回民商人在同样的时空相遇，共同参与并推动了京都玉作行业之“作”的兴起。

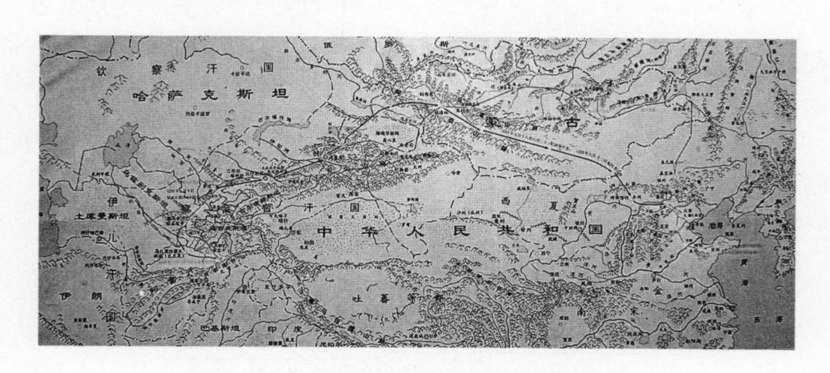

图 2-13 长春真人西行线路图（据《长春真人西游记》绘）

① 回民古谚“天下回回生得怪，根子来自天山外”。

2.3 本章小结——京都玉作行业之“作”的特质

《周礼·考工记》：“国有六职，百工与居一焉。或坐而论道；或作而行之；或审曲面势，以饬五材，以辨民器；或通四方之珍异以资之；或饬力以长地财；或治丝麻以成之。坐而论道，谓之王公。作而行之，谓之士大夫。审曲面势，以饬五材，以辨民器，谓之百工。通四方之珍异以资之，谓之商旅。饬力以长地财，谓之农夫。治丝麻以成之，谓之妇功。”这段话把上至天子下至庶民分为六职：王公、士大夫、百工、商旅、农夫、妇功。这里面的划分王公、士大夫不过为诸种社会身份、职业划分之一，在这点上，他们与百工、商旅、农夫等别无二致。直到《逸周书·程典》载：“士大夫不杂于工商，商不厚，工不巧，农不力，不可成治。”则把士、工、商、农给分出了层次。

京都玉作行业系统中，也有相类似的身份划分。以玉为中心，玉行邱祖、宫廷玉匠、识宝商人、民间玉匠组成了玉行的谱系结点。每一类人都各司其职，虽然他们看似互不相杂，分别代表了各自的价值基准。实际却是相互制约、相互促进。形成了一个共同的价值系统。

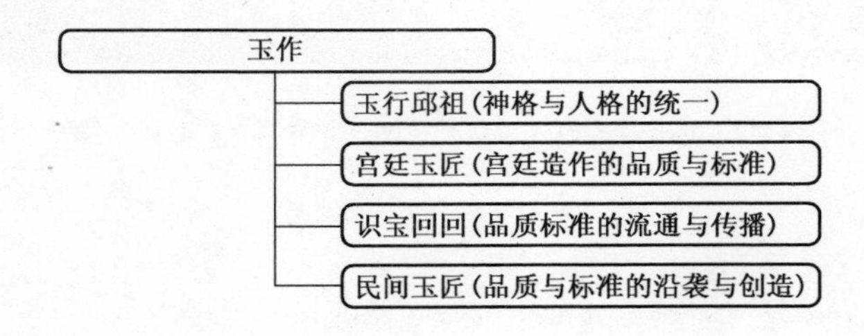

在京都玉作的行业系统结构中，邱祖是一个承载京都玉作玉人精神价值的神、人兼备的结合体。他出身贫寒，具备“琢玉如泥”的本领，又能对暴虐的成吉思汗“一言止杀”，掌管造办处，给燕地百姓带来了行业的兴旺与福祉。从这个角度来说，邱处机是不是真正的玉行祖师，甚至邱处机会不会琢玉这件事都变得不再重要。传说邱祖能够点石成金、变瑕为瑜，这也是后来京都玉作玉人琢玉所追求的要义。中国古代用玉的历史脉络是神玉、巫玉、帝玉、士玉，都牢牢地围绕在皇家主流文化的周围。京都玉行因他的出现而把神权、皇权、庶民三位一体置放于一个超越的位置上，并凝结到玉的载体，成为一种精神价值的归宿。

图 2-14 北玉四怪之一琢玉艺术大师潘秉衡

宫廷玉作中的工匠特别是“北玉南匠”所代表的是京都玉作中的皇家设计制度下宫廷造作的品质与标准。宫廷内的“恭造之式”是要经过他们的琢磨与再创造。什么样的图样配什么样的玉料，以及如何造作都是玉匠们经过揣摩而制作出来的。他们不计工时、不遗余力，精工细作。材料珍稀，工艺考究，这种综合品质的显现以及他们的创作方法与样式也因此成为民间玉作仿效的标准。

识宝商人是京都玉作中一个流通与传播的要素。他们绕过宫廷垄断的采玉之路把玉材送到民间，同时，通过他们的沽售，把王公贵族喜爱的样式也带入民间，民间玉作因此带动而发展起来。识宝回回游走于朝野民间，把需求和资源源源不断

图 2-15 北玉四怪之一
琢玉艺术大师王树森

地输入输出，因为他们的信仰，也形成了京都玉行独特的沽售方式和逻辑。

民间玉匠是在京都玉作的行业中最自由却具有创造力的一个阶段。他们沿袭宫廷样式和方法作为自己的设计标准要求自己，但是又有自己原创与应用。清廷解体以后，原先作为宫廷玉匠的很多匠人进入民间，释放出巨大的创造能量，也正因此，20 世纪二三十年代的民间玉匠中大师辈出。

至此，我们从纵向与横向两条主线勾勒出京都玉作行业之作的大致轮廓，起源于金元，经过三代历史迁跃的京都玉行，有一个和南方传统玉作不同的价值体系。它的特质在于以宫廷成做玉器的品质为基准和范本，这个基准成为行业共识的一种精神性与示范性。通过玉行商人推演至民间匠人。民间玉作也在这样的精神辐射之下，处处都以高端的标准来约束自己。因此，京都玉作中的行业之作不仅仅和江浙一代南玉作一样是以商业行为为目的的集散中心，它同时还是一种高端手工艺精神价值的熔炼与传递中心。

3　京都玉作的形成范式

如上述及，作坊匠人与玉行商人组成了京都玉作的行业谱系的重要节点，宫廷玉匠所代表的品质与技艺的综合标准，通过工匠、玉制品等各种方式渗入民间。玉行商人的眼力标准也推动了民间对于这种综合品质的承袭。使之成为整个行业达成共识的一种精神性与示范性。

传递这种精神和示范性的载体则是行业之内的各种范式和规矩。

《晋书·舆服志》载："雅制弘多，式遵遗范。"意为式样要遵循前人遗留下来可以作为楷模的法式、规范。京都玉作通过各种规约之"式"却成就了超越简单法式和规范的"范"，而成为一种"范式"。借用美国科学哲学家托马斯·库恩[①]关于"范式"

---

① "范式"的概念和理论是美国著名科学哲学家提出并在《科学革命的结构》(1962）中系统阐述的。英国学者玛格丽特·玛斯特曼对库恩的范式观作了系统的考察，他从《科学革命的结构》中列举了库恩使用的21种不同含义的范式，并将其概括为三种类型或三个方面：一是作为一种信念、一种形而上学思辨，它是哲学范式或元范式；二是作为一种科学习惯、一种学术传统、一个具体的科学成就，它是社会学范式；三是作为一种依靠本身成功示范的工具、一个解疑难的方法、一个用来类比的图象，它是人工范式或构造范式。

的理论，他认为从社会学的角度来看，范式即共同体，是某一个历史时期为大部分共同体成员所广泛承认的问题、方向、方法、手段、过程、标准等等。

京都玉作中，这种“范式”不仅仅是一种手段、方法和标准，还被转化为一种价值认同与行为、心理习惯，并形成一种精神气质，代代传承下去。玉人自身的行为规范，自上而下的各种礼制，作坊统一的规矩，玉行之间的规矩。这种种自律、他律、互律一脉相承，汇集在一起，不仅仅表现为一种外化的制度规定，还形成了一种比制度更为稳固和深刻的心理印记，是一种可以安放玉行中人精神价值的秩序。

本章将根据玉行老人口述资料及对北京玉器厂建国后承袭的传统玉作模式与规范对京都玉作的坊内、行间范式作一个简述与还原。

3.1　京都玉作坊内范式

新中国成立后，从 1953 年开始形成的玉器合作社，直到 1958 年六社一厂合并成立北京市玉器厂，从业人员达到千人之多。各种工种和级别的工人按照新时期的标准做了技术等级的划分，下表为建国后玉雕工人技术等级标准总则：①

① 赵永魁，张加勉. 中国玉石雕刻工艺技术. 北京：北京工艺美术出版社，1994（9）：252.

二级工：

1. 知道本专业产品的质量标准及工艺操作规程
2. 能识别常用（原）材料，*了解*（原）材料一般质量状态
3. 能临摹一般产品画稿
4. 在设计指导下，能看懂设计稿，会制作一般产品，按规定工时完成，质量达到一类（级）
5. 掌握工具、辅料性能，会修会用，正确使用工具设备

三级工：

1. 知道本专业产品的质量标准及工艺操作规程
2. 能识别常用（原）材料，*掌握*（原）材料性能
3. 能较好地临摹产品画稿
4. 在设计指导下，能领会设计意图，会制作中级产品，按规定工时完成，质量达到一类（级）
5. 掌握工具、辅料性能，会修会用，正确使用工具设备

四级工：

1. 能识别及合理利用一般（原）材料
2. 能*设计*一般产品，会画简单的设计稿
3. 能*独立制作*中级产品，按规定工时完成任务，质量为优质
4. 掌握工具、辅料性能，会修会用，*熟练*使用工具和设备

五级工：

1. 能识别及正确运用一般（原）材料
2. 具备设计中级产品的能力，或*精通*一种专门技术
3. 在设计指导下，能制作一般*高级*产品，完成生产计划，质量为优质
4. 能将技艺*传授*给艺徒

六级工：

1. 正确鉴别原材料，做到*因材施艺*
2. 具备设计一*般高级*产品的能力，或有*技艺专长*
3. 技艺*熟练*，在设计指导下，能制作本专业较*复杂*的产品
4. 能对青工进行技术指导

续　表

七级工： 1. 掌握（原）材料性能，做到因材施艺 2. 具备设计*高级*产品的能力，或有*特殊技艺专长* 3. 技艺*全面*，在设计指导下，配合设计完成高级产品 4. 能对青工进行技术艺术方面的指导
八级工： 1. *精通*（原）材料性能，鉴别原材料用途、使用方法和*估计*生产的价值 2. 具备*创作设计能力*，能解决技术上工艺上的*关键*问题 3. 技艺全面，作品在*继承*传统上达到高水平，其作品有一定的*特点* 4. 能对本专业的产品做*全面分析*，有*鉴别鉴赏*能力

从此准则我们可以看出，从二级工到八级工，对甄别材料，整治、使用工具、技艺专长、设计能力的要求逐级提高。对于工具设备的掌握能力、设计创作能力、独立完成作品的能力、鉴别鉴赏的能力的要求也是逐级递进的。八级工不但要具备创作能力，还要具备鉴别材料用途、估计生产价值、全面分析以及鉴别鉴赏的能力。因此，可以看出，这个等级标准不仅仅是一个技术等级标准。它涵盖了技术能力、设计能力、评鉴能力、沽售能力等诸多方面的指标。实际上，这个等级标准融合了传统玉行中身兼不同职能的人群。

北京玉行老人忆述传统作坊由这样几类人构成："了作的"、师傅、学徒。在谈到三类人的身份特征时，不但叙述了他们的技术特征，还特殊强调了他们的身份与等级差别。

3.1.1 坊内工匠构成

1)“了作的”

“了作的”是玉作坊里最高级别的管理者。玉作产销模式因其原料的特殊性，大多采用商号控制作坊，由商号负责供给原料，同时收购，销售，以销定产。因此，“了作的”负责统管整个玉作坊方方面面的协调运作，包括承接来料加工、选料、设计画样、量料选工、因工选料，以及监督整个作坊规章制度的执行与管理。如果不是以销定产的制售方式，了作的还要负责和游走于作坊间采购的玉器商人（又称“夹包的”或“包袱斋”）洽谈销售。

“了”（音 liǎo）指完工，完结。指整个玉作从选取玉料原石到成作玉器完成，中间所涉及的设计资源分配、样式、技艺规范、价值评估都由“了作的”来统筹安排和管理。因其多为制玉技艺高超、经验丰富，同时艺术造诣高超的工匠转变而成。因此，虽然他并不参与磨玉制作，但是却担负了整个作坊设计及管理。所以，“了作的”在坊内具有至上的权利，他选定何种玉料由谁承做，制作何种样式，授意了以后，磨玉先生才可以开始动手琢制。

2)“师傅”或“先生”①

师傅是玉作坊内技艺纯熟、经验丰富的匠师，负责制玉的精细琢制层面，同时也负责将技艺传授与徒弟。解放前又称为“磨

① 新中国成立后大多称为“师傅”，新中国成立之前称为“先生”，后文详述关于先生的来历。

玉先生”。“先生”在过去是对有一定身份并且德高望重的人的尊称，因此，“先生”有时会因为技艺之高而在作坊中享有崇高的地位。关于“先生”的来历，本书在其后的小节中有详述。

“了作的”根据每个师傅的个性特点与技艺特征，将玉料派发给师傅“做活儿”。师傅则可以依图样理解“了作的”的设计意图，如何体现意匠，同时在制作过程中，根据“了作的”的画样，在琢制过程中加入自己的创造和修改，使其更加完美。所谓的“绝活儿”都是由先生来创造的。

3）学徒

学徒是指作坊中的徒工，是作坊内级别最低、技术等级最低的一类人。玉作坊中的学徒跟其他作坊里的学徒在身份上并无二致。但学徒时间为“三年零一节”只有时满这个期限，才能出师，进入作坊真正接触制作过程。

比对50年代以后的玉雕工人技术等级标准与玉行老人口述的传统作坊人员构成，我们可以发现一些相通之处。例如八级工，其职能就相当于古时作坊中的“了作的”与师傅的组合。“精通（原）材料性能，鉴别原材料用途、使用方法和估计生产的价值”是了作的承担的职能，类似于现代设计公司里的设计总监。集设计管理、设计策划、设计总监、技术总监和设计人员为一身，拥有绝对的权力和能力，颇有些设计管理者的意味。在宫廷玉作中，这个角色一般也是从有经验的玉匠中提拔担任。称为“掌作官”。

“具备创作设计能力，能解决技术上工艺上的关键问题”则是了作的和师傅的统一能力，前文提到能够“画样”的宫廷玉人，其实并不止描摹的意思，还是一种设计创作能力的体现。解决技术上、工艺上的关键问题则是指向技艺的精湛程度和水平。

“技艺全面，作品在继承传统上达到高水平其作品有一定的特点。能对本专业的产品做全面分析，有鉴别鉴赏能力。”可以指向旧时的磨玉师傅他们的技艺水平以及对产品的鉴识能力。

从八级工到二级工的技术标准和能力的全面性则越来越初级和单一，也可以分析出作坊内我们前述的了作的、先生、师傅、徒工的技术级别。

20世纪50年代按照当时的经济体制建立起来的玉器生产企业——北京市玉器厂可视为传统玉器作坊的“现代企业版”，尽管外在形式变化，但内在的结构机制方面却仍保留着浓重的传统“玉作坊”意味。企业在1958年刚刚建成的时候，还是沿用了玉作坊的构成和管理模式，只不过分成了小组，“了作的”变成了技术科中的技术厂长、总工艺师。

“技术科也是玉器厂的最重要部门，是一个命脉。原材料进厂以后，每件材料分配给谁做是有规划和审定的。因材选工，因材施艺，做到精工优料、精料精做。这样的管理机制在企业里面对技术的要求很高，因而对技术促进也很快。从20世纪50年代末到80年代末，三十年中培养了三代技术工人，对技术传承非常有利。”①

图3-1 老工人和青年技术人员研究技艺

正因为如此，北京玉器厂在20世纪60～80年代30年间创

① 唐克美口述。

造了许多玉器精品。主要是因为拥有一批卓越的老艺人以及他们带出来的中青年骨干。他们沿袭并掌握了中国玉器主流文化的特点，同时还有一套非常严格的技术管理机制。

在技术管理机制后面，实际上还有一个因素是对于工匠等级差别所沿袭下来的共识，只有在这个工匠等级形成的秩序系统中，技术，才可能成为一种自律和动力推动自身的发展和前进。

3.1.2 技术指标背后的等级语境

建国以后玉雕工人技术等级标准只是以各种技术和能力的指标不同分出了二至八级。这个等级标准隐去了京都玉作中与尊严和地位相关的等级话语。

玉作行业特别是磨玉先生不但在作坊内享有崇高的地位，在旧时京都手工艺门类中也拥有行业龙头的地位，虽然同是手工艺行业，玉器却比象牙、景泰蓝、料器、漆器等其他门类享有更高的尊严和地位。究其原因，这个地位的标准则还是源于宫廷和帝王对于玉器的兴趣以及亲力亲为的督造和重视。

其他行当的工匠都被称为"师傅"，只有玉器行的工匠例外，被称作"先生"。关于"先生"的来历目前有这样两种传说：

> 第一则："传说这个称号是皇上封的。原来皇上周围有御作专为皇族磨制玉器。一次皇上到御作视察，一进门只有了作的（管事的）跪迎，手艺人都继续干手里的活，这让皇上大怒。可了作的解释，手艺人要是跪迎皇上得先下凳再净手，这样一中断手里的活儿可能就

会有变化，为保证给皇上做活的质量才不下来跪迎的。工匠们听到了作的和皇上的交谈知道犯了大错，于是都下凳跪迎皇上，皇上看到这般景象急了，怕影响了活儿的质量，赶紧说：‘先生们请起！’自此玉器行里的工匠就不叫‘师傅’改叫‘先生’了。”①

第二则：“旧时代，手艺人的地位不高，但磨玉匠不同，到哪儿都被称为‘先生’，这个规矩是乾隆定下的。乾隆曾经得了一块好玉，就定了题，要磨玉匠限期完成。乾隆是皇帝，不懂磨玉先要‘问料’，这块玉一上铡砣，发现里面有红色，是极品，如果还按原来的题材，玉就毁了。但皇帝金口玉言，不能改，磨玉匠不敢明说，就故意怠工。乾隆看迟迟没有开工，前来问责，利用这个机会，磨玉匠提出了自己的看法。乾隆一生好玉，了解实际情况后，立刻采纳了磨玉匠的意见。从这件事中，乾隆反省到自己‘定题’的做法是错误的。以后乾隆终生不再给磨玉匠下题目，让他们自行问料，自行设计，并从此尊磨玉匠为‘先生’。”②

无论这些传说是否真实，这两则关于磨玉“先生”称呼的来历所透露的信息却很有趣。第一，讲述者认为玉器行业的匠人比其他行业的地位要高，这表现在玉器行可以直接与帝王对话。第二，讲述者认为玉行匠人可以为技艺的需求而超越礼法的约束，甚至连皇帝也必须容纳这种失礼。第三，讲述者认为只要技

① 茅子芳叙述。

② 陈辉：专访玉器大师杨根连——金镶玉只予有缘人. 竞报.

艺高，就是皇帝也会因尊重技艺转而尊重玉行匠人。

讲述者为谁不得而知，其实这也并不重要，因为他的文化立场已经非常明确，与其说这是一个讲故事人的立场，不如说这是玉作行中形成定规的一种文化氛围，那就是视玉作技艺可以超越一切的价值观，这种价值观与视道长邱处机为行业神属同一种文化设计。

玉作中技艺出众者甚至皇帝都会另眼相待，大加褒奖，这或许并非空穴来风。因为本书第二章叙述《清档》中记载："俱交姚宗仁将仙人颜色去了，其白玉蝉想法应改作何物改作何物。钦此。"以及为宗仁立传的事情都印证了这个事实：京都玉作中，技艺背后，隐藏着尊严与身份的象征话语。

正是因为这个等级的语境，作坊内最低等级的学徒才要比别的行业的学徒更加励精图治，从而通过技艺转变自己的身份等级。

在长期的历史进程中，琢玉业并非人人都能坚守的行当。尽管玉一旦成器可价值连城，但治玉过程中的甘苦与精神重压，非其他工艺可比；历史上治玉业尽管名匠无数，商贾成群，但似乎很少有因治玉而发财者。这表明玉工艺品的加工权与享有权是绝对分离的；与此同时，治玉名匠中似乎还有一种鄙薄功利修身如玉的传统。①

"家有二斗粮，不做磨玉匠"，"上辈子打爹骂娘，下辈子罚

---

① 李博生大师就常常叹息自己的作品如同孩子一样，被人收藏以后就再也不知去向。他说虽然自己是磨玉人，但是手中却很少属于自己的玉。他非常鄙夷只为功利而治玉的现代玉作状况，认为做玉和做人一样。所以他的座右铭是"修身如玉"。其他一些对于琢玉人专访中也可以看到这样的情况，杨根连说："我从不卖金镶玉，对于我来说，它是无价的。有时，朋友送我一些东西，我就送给他们我做的金镶玉，我们之间没有交易，只有情义。"

做玉行”的俗语都显示了选择玉行谋生的艰难。玉作坊中的学徒跟其他作坊里的学徒并无二致。但是，其学徒时间为“三年零一节”只有满这个期限，才能出师，进入作坊。小徒弟大都是十四五岁进门，学徒进门，都要由了作的或掌柜的（管事的）立规矩，著名的博古斋[①]缔造者祝晋藩就要求：“不准徒弟们说笑打闹，说话要和气，口不吐污言秽语，说话时不得唾沫星四溅或口冒白沫，待人要有礼貌，言谈举止、行动坐卧要有风度，文质彬彬。”[②]

学徒在“三年零一节”内主要的工作就是干杂活：买菜洗菜，端茶倒水，洗刷碗筷，打扫卫生，给师傅打洗脸水，倒夜壶，等等，总之事无巨细伺候了作的、师傅还有师兄，同时要规范自己的言谈举止。做完这些之后，才可以偷偷向师傅学艺。出了师，刚进入作坊的学徒往往也是做备料、开料等技术含量比较低的活儿，给师傅准备、修护工具，调整设备，同时观察师傅们如何施艺。所谓传授，实际上大多是徒弟自己主动学来的。聪明的学徒在过程中暗暗记住了整个技艺程序和解决问题的方法，等到自己实践之后作为参考依据。“师傅领进门，修行在个人”师傅如果看到学徒聪明乖巧，也会故意展露破绽让徒弟“偷学”自己的手艺。

了作的、先生、学徒三种级别的工匠构成一个稳定的结构链条。师傅的尊严和权威不可侵犯，所谓“一日为师，终生为父”。可以说，这“三年零一节”的时间规矩了师徒间的礼法，

---

① 清道光十二年即公元1832年在北京琉璃厂开的古玩店。

② 陈重远．老古玩铺．北京：北京出版社，2006：32．

树立了一种严格的等级秩序和技艺至上的观念。徒弟只有经过苦其心志、劳其筋骨的历练，学成精湛的技艺，才会转变角色，变成“师傅”以至于“先生”，受到尊重，进入这个秩序系统中的顶层。

以往文学、影视作品中所描写的徒弟困苦劳累、没有尊严的悲惨生活，往往被冠以阶级压迫、人格压抑的名义。如果单按技艺传承这个角度，师傅带徒弟，是把技艺作为最高深、最珍贵的东西藏在最后，先规矩了做人的规范，再规矩了做事的规范，然后才可能谈到技艺传授，还要看徒弟的人品，悟性、意志力和造化。获得技艺是最重要，同时也是最难达到的结果。这几方面的修炼，是获得属于自己尊贵和价值的台阶。只有经历过磨难的历练，才会让昔日的“徒弟”在转变角色成为“师傅”后，同样恪守这个秩序中的准则，代代相传，守于后世。

每次在跟年迈的手工艺师傅们谈论这个问题的时候，都会得到相似的感慨，虽然那时学徒苦累，但是能“学到真本事，有规矩”。现在的学徒刚有点本事就飘飘然，就受不住社会上各种各样的诱惑，浮躁、虚荣甚至不把师傅放在眼里，学着“稀松松”的技艺就以为了不起。也许，精致不再，技艺流沦，传统师徒关系传至现世而“礼崩乐坏”，现代版的企业对于传统的传承大多停留在单一技艺方面，技艺背后的秩序与规范被抽离之后，失去了强有力的精神支撑，只能变成干瘪的躯壳，传承也因此失去了技术之外的文化意义。

3.1.3 坊内规约

上述工匠类别中提到了学徒与师傅的关系，京都玉作坊内对于行业等级和秩序的遵从，就是通过各种规约以达到玉人内心的规范和自律。

比如学徒期要满“三年零一节”，徒弟要遵守很多师徒之间的礼数和规约。其实，在玉作坊内还有一些规矩是约束包括了作的、师傅、学徒在内的所有人的。以北京龙潭湖玉器厂沿袭的作坊的规矩和习俗为例，从工艺大师李博生的回忆中，描述了这样一幅图景。

> 远远的走过去，就听到类似于庙宇殿堂内敲磬的声音“当——当——”，这个声音虽然是捞砂子敲铁锅发出的声响。但从老远听上去却是既神秘又有很神圣的感觉。走进作坊，没有嘈杂的声音，只有砂子、砣具、玉料相互摩擦时发出的清晰而富有节奏的声响：“刷——刷刷——”。不同的工具发出的声音不一样，但是全部都是有节奏的。偶尔家伙使得不当，了作的不用看，来回一走，远远地听见就会说：“你这家伙使得不规矩啊！”
>
> 先生们和学徒们只要在凳上操作，全都屏气凝神，身边的人和事就全忘了。所以，绝对不能大声喧哗，连说话咳嗽都要小心谨慎，避免惊着别人挑了活儿。
>
> 水凳踩起来要求身体各部位相当协调，所以人身体的摆动很有节奏、很好看。技术不好的人，看他踩水凳的身形就觉得不对劲儿。
>
> 到了休息时间，车间内的电铃不用，由了作的喊饭：“吃饭啦！”

到了上工时间，还是由了作的喊："上凳！上凳！"

车间与车间，凳与凳之间坚决不能相互乱窜，不经人同意，不当着人面，绝对不可以看别人的"活儿"。

……

可以看出，玉作坊内的氛围有一种庄严、肃穆甚至超然、圣洁的感觉，进入这样的空间中，人自然而然就会收敛自己失位的言语和行为。

当时车间内，约定俗成的规约有：

1. "不许大声喧哗"。

2. "不许随意窜车间，不许随意窜凳，不经允许严禁动别人的'活儿'"。

3. "不许放音乐"。[①]

玉器厂老工人胡玉璋也回忆说，当时的规矩和等级非常严格，作为开料车间工人的他绝对不可以随便去制玉车间。印证了当时车间等级与规约的严格性。史料记载中的宫廷御作也有相类似，但更有严格的记载："如匠人有迟来、早散、懒惰、狡猾、肆行争斗、喧哗高声、不遵礼法应该重责"[②]

宫廷内严格的坊内管理给后世留下了一种坊内规约的范式。对于给皇上制玉的匠人，做错、损活儿，不尊礼法都是性命攸关的大事，所以管理制度也非常严苛。除此以外，这些规约还出于

① 李博生口述。

② 雍正元年正月十四日怡亲王奉旨下谕："嗣后尔等俱要各尽职分，不可疏忽。如匠人有迟来、早散、懒惰、狡猾、肆行争斗、喧哗高声、不遵礼法，应当重责者，令该管人员告诉尔管理官，启我知道再行责处，不许该作柏唐阿等借公务以报私仇，擅自私责匠役。遵此。"《养心殿造办处史料辑览》第一辑雍正朝。

一种保证技术质量的考虑。

玉是非常珍贵的材料，这是玉作内不用强调的共识。作坊内的声响对于需要专心制玉的工匠来说非常重要。仅限于琢磨玉器时玉料与砣之间解玉砂发生摩擦时的声音，除此以外，就是敲盛解玉砂的铁锅时的撞击声。作坊内的人，甚至连咳嗽打喷嚏都要格外小心。

“不许大声喧哗”的目的首先是怕影响琢玉工人的工作，在玉“活儿”做到亮脸、上花[①]等细致工艺时，工人要屏气凝神，集中注意力投入。稍微一个注意力不集中或是外部干扰，手一抖，就“挑活儿”了。(琢制过程中，玉料发生的断裂，穿透之类的意外损坏，因为横轴带动砣具，如果出现意外，一般是横轴一段掉落，向上挑起，所以称为“挑活儿”)

其次，没有噪杂声音利于“了作的”对整个作坊内的加工情况有个整体判断。他们仅仅凭声音就能辨别出来“活儿”是否规矩，也就是工具和技艺施与玉料是否得当。声音不规矩就是使用工具和人的配合不默契。这个时候，“了作的”喊一声：“‘家伙’使得不规矩啊——”一句话就让琢玉的人红了脸，赶紧规范自己的动作，当然出现这种情况的一般都是学徒之类的初级工匠。

除去第三条“不许放音乐”（20世纪后中国才出现留声机、收音机、录音机之类的电子产品），传统的玉作坊和我们想象中的嘈杂、喧嚣甚至肮脏杂乱的场景相去甚远。这是一个沉静而和谐

---

① 亮脸、上花是制玉过程中的细工阶段，就是把眼神做好，嘴角表情确定，等等。所以又称“开眼”或亮脸。是最后一道琢制工序，影响整个作品的审美感觉和气息。“上花”就是在玉器上做细致的花纹，有时候还要有打钻、镂空的程序。

图 3-2　《玉作图说》作坊场景

的空间，虽然也有声音，却都是和制玉相伴而来，有着规律的节奏和步调。手艺高的人连水凳踩起来都是“很有节奏、很好看”。清代李澄渊的《玉作图说》和宋应星的《天工开物》为我们展示了琢玉的空间环境（关于《玉作图说》本书第四章有详述）。

图 3-3　《天工开物》中琢玉场景

图中，工具整齐码放，空间整洁清净，窗外青葱植物，琢玉匠师专注平和，制玉空间中是一派澄静的气息。治玉大师李博生说，这种氛围让人“觉得很神圣，很有殿堂的感觉”。一位当初学过开玉的工人多年后回忆，当时用粗糙的工具掌握开玉技术的学徒是不可以随便进入制玉车间的，至今言谈之中都流露出那种对坊内空间敬如神灵的氛围。

事实上，作坊内因为有水和解玉砂浆的存在，不可能保持图像中的整洁程度，但是对于好的玉匠来说，自己的工具，自己的操作台面永远是干净而整洁的。甚至还有人亲自打造自己的工具，用罢悉心擦拭护理。不止是玉作，很多手工艺行当中都有一种说法，看一眼工具就知道一个人的手艺成色。因此，玉匠实际是在自己的内心加固了一道约束与暗示：进入成做玉器的空间，这是曾经为帝王打造传世之物的地方，任何喧哗、轻慢或不尊礼法的行为，都是一种大不敬。久而久之，这种感觉也强化为一种对自身行为的规范和暗示。

坊作中的“凳”也是一个特殊的管理单位。能够上凳操作的人才能称为师傅或先生，学徒不能随意上凳操作，一旦能够上凳，就代表身份已经从学徒迁跃至师傅。关于“凳”与“上凳”与身份地位的关系，本书将在第四章里作以详述。

“不许串凳，不经允许严禁动别人的‘活儿’”的规约，是因为每个人能使用水凳[①]的琢玉工人都有自己专门的水凳设备，凳梆高低，坐凳高矮都是按自己的身材和使用习惯调整好的，别人乱“窜凳”就会破坏自己调整好的工作准备和状态。

最主要的原因还有一点，琢玉工人在器物没有完全成做之前，都有自己特殊的方法和解决方式。过去玉作中的技艺也不是全部公开透明，所以不希望别人看到琢玉过程中自己对玉料的一些处理方式。这是大家都约定俗成的一条规矩。如果赶上正好做到一半，有事不得不离开。就在自己琢磨的半成品上撩一把砂子掩盖，保持这样的状态直到自己回来。如果发现蒙在玉料上的砂子变了，就能判定是别人看了自己的“活儿”。

玉作中琢玉工人对技艺的保密性，看似阻碍了技艺的顺利传

① 琢玉主要设备，第4章中有详述。

承。但是，从另一个角度看，也无形中增加琢玉技艺的神秘性与各技艺主体之间的竞争意识。聪明好学的徒弟非常想知道师兄师傅们的技术经验，就要通过多看多观察多试验来练自己的眼力和手力。师徒传授技艺的过程“是通过观察、模仿和实践传递具有大量意会成分的技艺、技能的常规途径，又是一个在设计或操作共同体内逐渐内化相应规则、传统等‘范式’因素的过程。”[①]这样的教授方式，能够增强学习的主动性，并且在不断地“试错”中还能创造出意想不到的技艺创新。

在级别相当的磨玉师傅中，他们为同行做出的“绝活儿”而叹服，激励自己提高自己的境界和造诣。越是难得到的经验和方法，越是能激发人们对它的想象和热情，拥有精湛技艺后得到的价值认同和尊贵感也越发强烈。

综上所述，京都玉作坊内的工匠级别和各种规约不只是技术标准的级别和外在形式的约束，更多的指向是对于玉作这个行当在京都的地位、等级、尊严与技术的连接。这种宫廷文化辐射之下形成的优越、尊贵感与神秘性在京都玉行里也有同样的心理映射。

3.2　京都玉作的“行”间范式

3.2.1　玉行商人构成

在关于玉行谱系的介绍中，我们触及识宝商人这一人群。民

---

① 赵乐静．可选择的技术：关于技术的解释学研究．太原：山西大学，2004：64．

间玉行的商业制售模式一般采用“以销定产”的模式，即由商号控制作坊，负责供给原料，同时收购、销售。商号就是指玉器行、珠宝店或古玩铺。这些商号经营的玉器往往都有固定的玉作坊为其加工，商号供应原料，玉件做好后直接进入商号售卖。这就是所谓的以销定产。民国初年，廊坊二条、三条的很多玉作坊和商号都是运用这种产销方式。其中的玉行商人有这样几类：

1）掌柜的

“掌柜的”是玉器行、珠宝店、古玩铺老板的称谓（其他商铺的主管也叫掌柜的，本书里特指玉石珍宝古玩行里的商号主管人）。掌柜的除了具有管理商号的能力之外，还要通晓地理、历史、人物等方面的文化知识，琴棋书画也要颇有造诣，最主要的是要“眼力高”，也就是鉴赏能力高。他们一方面对玉石材料的质量与级别精通，同时还要对玉件的琢制工艺和艺术美感有鉴赏和品评的能力；另一方面还要胆大心细，果断自信。掌柜的眼力高，就能预见到璞玉琢磨之后的价值；掌柜的信息灵，就能预设出什么样的形制和花样将会风行于世。所以，某种程度上说，眼力高的“掌柜的”们是玉器价值的一套评鉴标准，是否材美、工巧都在这套评鉴标准中。前文已述，在朝代更迭的时候有很多“大内之物”散逸民间，这些东西大都通过各种渠道流入各种古玩、珠宝商号的掌柜的手中。他们的知识积累和眼力经验成为在旧物中筛选淘洗宫廷之物以及指导仿制宫廷之式的必要能力。

图 3-4 尊古斋古玩店掌柜黄伯川

图 3-5　尊古斋古玩店掌柜黄伯川，儿子镜涵和徒弟乔友声等人

2）夹包的

“夹包的”是北京古玩、玉器行中的一种称谓，指没有实体商铺，利用自己鉴赏能力从各家作坊或商铺采购并代为销售的人，有时又称为“包袱斋”。

古玩行中的人可以相互“搂货”，就是将对方的货拿来代为销售。不论这件古玩值多少钱，也不论谁来搂货，凡是同行的认识人拿走东西，不用写收条立字据，只管拿走。双方都恪守信用，形成一种行业的传统规矩。正是这个规矩，才有了“包袱斋”。古董商有的领东当掌柜开家古玩铺，起个名字叫某某斋。有的人眼力好，会做生意，却没人给出钱开个买卖店，便开个“包袱斋”，即分文不用，用块蓝色布包袱皮，到各家珠宝店、古玩铺“搂货”，搂来的货可以卖给买主，也可以卖给同行。[①]

这样的凭眼力做生意的“夹包的”又有很多种形式。串胡同收旧货的商人，左手握两寸皮鼓，右手持竹棍，以鼓为号，招揽生意，被称为“打硬鼓的”或“打鼓商”。其中有本钱多、眼力精的打鼓人，身穿长衫，腋下只夹一个包袱皮儿，专收珠宝玉器。就是玉行老人所说的“夹包的”。前文在叙述青山居的时候还有人称“腰子筐箩”、“跑城儿”都是指这样没有实体商铺的商人。

① 陈重远. 鉴赏述往事. 北京：北京出版社，1999：10.

> 前门外粮食店是打鼓商聚集的地方，其中这些人聚会的地方，人称“包袱斋”。他们在这里交流“哪条胡同的王爷落了架”，“哪家的使唤人能往外顺东西”等信息。他们在北京人熟地熟，又多是亲戚或“发小儿”，再加上事先定好招数，互相配合，不出一个礼拜就能“憋”到宝。老北京人称其为“做局”。所有这些“局”，不管是官署，还是行业，都讲究一定的规矩，彼此间有所约束，称为“局气”。①

从上面的记述中，可以看出这些游走民间的商人，无论是称为“夹包的”、“打硬鼓的”，还是“腰子笸箩”他们的职能主要在于凭借自己的鉴识眼力和经商能力，把各种途径散逸民间的王公贵族“内廷打造”的东西集中到流通领域。通过“包袱斋”之间的“撺货”、“搂货”行为把这种“大内之物”的式样和品质传播出去。

李博生回忆：

> 解放后，当时外贸公司的采购员还被称为“夹包的”，所夹的包并不是真的包，只是块蓝色包袱布，包一角儿留出来一截绳，末端绑个铜钱，用这截绳一绑，里面装的是钱，看中了车间里的某样东西，就和销售科直接交易。来到作坊的时候，陪他的是“了作的”，“夹包的”最忌讳到别的作坊说前一个作坊做了什么，但是每个作坊的了作的都会极力推荐自己成作的器物，

---

① 北京话里的“局”. 北京晚报，http://bjjs.beijing.cn/yxbj/msfq/n214084138.shtml.

> 并猜测他看中什么。我记得北京市玉器厂有个夹包的叫张宣（音译），眼力非常高，是个回民。每次到玉器厂采购，从来不吃饭，只吃自己带的食物。收购的玉器也各个称绝。他一去世，所有做玉的人都觉得惋惜和遗憾，因为感觉没人欣赏自己的东西了，有真本事的人没了。

这一段回忆令人产生一种久违的感动：玉行坊内匠人与行间商人之间那种濡沫相依、惺惺相惜的依存关系，也是一种手法和眼力的互补关系。

图3-6　掌柜的在品鉴物件

售玉商人用自己通晓内廷造物之式、具备高超鉴赏能力的眼睛促进了坊内工匠制作的样式和工艺手法，坊内的工匠同样也尽量使自己制作的玉器符合商人的眼力所设的标准。从而构成一种对材料、精工、样式都达到或超越内廷造物的品质。因此，这样的手法和眼力的匹配是一种如“千里马”与“伯乐”般惺惺相惜的关系，正因为有这种彼此信赖、彼此相敬的关系存在，玉行匠人才会为一位评鉴商人的逝去而感到如同失去知音般的痛苦。失去了认同“手艺”的“眼睛”，手艺也就失去了存在的意义。这种心灵相通的认可，指向的就是玉作工艺的品质和灵魂。

法眼高超的沽售商有时还表现出手眼相通的独特能量，这种“作”与“售”两种身份合一的行内人，对行内推动作用更大，而他们的超凡眼力则往往可能形成把高端标准带向民间的桥梁。

《老珠宝店》中记载，民国初年廊坊二条有一个叫做穆祥振的制玉匠人，同时也是兴源斋玉器铺的掌柜。他手艺高超，琢磨出的盘、碗、瓶、壶，玲珑剔透，别具特色。他琢磨出的白玉瓶，薄得和纸一样，非常透明。"穆祥振琢磨的玉石薄胎器皿，真是薄如纸、声如磬，赛过西番作[①]的玉器。"珠宝老行家讲，"穆祥振的玉雕作品存世的还有，都当乾隆西番作了。"[②] 潘秉衡民国初年的有些作品也是被当做"乾隆作"的珍品出售。[③] 当时坊间对于宫廷式样与精工的推崇与仿效，正与这样一些能人巧匠的过人能量有关。

本节开篇所述以销定产的制售模式和"掌柜"、"夹包"商人的眼力界定，民间玉匠的量身度制，无形中构成了一种宫廷趣味——设样——制玉——沽售——评鉴互相衔接、首尾闭合的生产机制。那些鉴赏力高且富有经商头脑的商号老板和夹包商人，收罗内廷遗留物件或品质相似的作品，把宫廷的趣味推演于世。然后根据这种趣味的风尚，将推动力转移给民间作坊。玉作坊的"了作的"再将这种趣味结合玉料特质设画图样，推落给玉匠，磨玉先生根据图样加以做精做细与再创造。成器玉件之后进入商号由赏玩者品评把玩，品相高低、技艺高低都有评判。能够赛过宫廷式样和精工则是这个设计系统共识的一种目标和价值。之后再将这种趣味和价值继续传演于世，直到成为一种普适认同的文化心理。这是一个在长期的文化交融中，在中国独特的历史脉络

---

① 西番作、乾隆作都是清代乾隆时期宫廷玉器作品。有其工艺特征的又称为"西番工"、"乾隆工"。

② 陈重远．老珠宝店．北京：北京出版社，2005：245．

③ 陈重远．老珠宝店．北京：北京出版社，2005：243．

下形成的超越阶层分界的融合与再生过程，也是一个完整的工艺传播链，这一过程对于玉工艺文化的长期存世及发展极为重要。

“了作的”、“掌柜的”、“夹包的”充当了第一批玉评人和鉴赏家，如果按现代设计来讲，他们就是第一批兼具设计管理与设计批评能力的人。这套评鉴机制制定了一套设计标准与审美标准，同时又兼顾了市场营销，预测并推广了市场趋势。虽然时代背景和他们受到的教育有局限性，但是，在京都玉作的生态系统中，他们却着实是不可或缺的环节。

3.2.2 行间规约

上文已述玉作坊内的规约，在玉行之间也有很多规矩和约束。这里所说的“行”不仅是指玉器珠宝商行，还包括整个京都玉作系统链条中的各个环节，包括作坊、玉器行、古玩行。贯穿玉器整个制作、售卖、流通的各个环节。

作坊之间不成文但是大家都恪守的规约有：

1)“同行不窜门”

不仅玉作坊之内很忌讳“窜凳”，玉作坊之间还很忌讳随便“窜门”。窜凳是指在一个作坊之内，师兄弟之间还要如此严格规矩，作坊之间的门规严格则自不待言。但是这个规矩是约定俗成的，遵守与否全看行内人的自觉。如果真的有别的作坊的人进来，如果是“了作的”或“先生”，本作坊“了作的”就会马上迎过去，将其带入陈列室等其他地方。每个作坊都有自己的特点和技术秘密，做得的器物也像是商业秘密一样不能外传。避免同行窜门实际上就是怕被偷看手艺，同时也怕被别人摸了底，既怕漏好也怕漏怯。

2）“避嫌”

被允许进入玉作坊的人，进门之后马上就要背手，参观的时候也要离水凳远些，探身看。中国自古有“瓜田不纳履，李下不整冠”的典故，这样做主要是为了避嫌。因为作坊内到处都是玉料。成器后送一个小玩意都可以，拿玉料就是暴殄天物，是很可耻的偷窃行为。

玉器行行会是一种官督商办的社会团体，由政府批准成立，民主选举产生出帮主，又称：会首、行首、行老、行头，同业公会的职权主要是处理行内外的事务，决定入行的商户，统一同行业经营方针，进行登记，承办政府分配的税务、公益事业任务。

开篇已述，清乾隆54年（1789年），在北京成立了“玉器行同业公会”又名“玉器行会馆”，尊邱处机为祖师。同业公会每年正月十九日在馆内举行邱处机诞辰祭礼；七月二十八日在馆内举行邱处机仙逝祭礼。每至祭祖之日，玉器行同业工会全体同仁还要到北京的道教活动中心白云观参加祭祀活动。

行会约定所有的会员都要遵从规约，不可欺世盗名，不可觊觎会产，不可利欲熏心，借会馆之名，大肆敛财，有损会馆名誉，等等约定。[①]

对于销售人员，也有很多规矩约束自身的品行。

1）不能泄露行业秘密

“夹包的”识宝商人因为游走于各个作坊之间和民间进行采购，因此，这个链条中，他们是唯一知晓各个作坊的特点和擅长之处的人。但是，他们也严格禁止到一个作坊说另一个作坊做了

① 李华．明清以来北京工商会馆碑刻选编．北京：文物出版社，1980：117．

些什么。这是他们的职业道德。他们恪守职业道德，严格以艺选器，作坊之间通过猜测、揣摩他们的喜好，竭力提高自己的技艺，使商人被自己作坊的作品吸引。因此这样的规约和方式也刺激了坊间的竞争意识。

2）“牙齿当金使”

前述“包袱斋”的出现就是因为有这样一条规矩：只凭口头承诺，所谓“牙齿当金使”，“君子一诺千金”不用写收条立字据。双方都恪守信用，形成一种行业的传统规矩。

3）只能送，不能偷

到了商号内，就要遵从玉器行、古玩行内的规矩了。原来廊坊头条、二条的商号，里面有专门存放玉器的仓库，客人来选物品，如果成交，掌柜的送客人到库头（仓库门口）就自然背过脸去，原因是，门口的一个床板上面有很多小件玉器，是给客人来拿的，掌柜别过脸去，客人就可以大大方方地拿走一件。大宗货物交易之后，用送这种小玉件来吸引客人，既满足了人的购物心理，又可以吸引他再来光顾。但是，如果趁着卖主不注意的时候偷窃，就是十分可耻的行为。无论在玉行还是古玩行，发现谁偷了东西，就永远不可以在这行里干了，这条规矩十分严格。[①]

4）“真假高低，全凭眼力”

这是古玩行里的一条规矩。古玩铺陈列的古玩有真有假，还有“摺跤货”，即真假未定的货，但不标明真伪。鉴定文物的眼力不一样，有人看真，有人看假。买主看真，卖主看假，如果是真东西，被人买走了，叫“捡漏”；如果是假东西，被人买了，

① 陈重远．鉴赏述往事．北京：北京出版社，1999：12．

叫“打眼”。这些都不能称为骗人或受骗，双方都认为是眼力问题。[①]

古玩行虽然和玉器行分属两类行业，但是同样靠眼力论本事。在玉原石、翡翠原石等材料的甄选上，都是凭着眼力的高低来“赌”，原石“开门”（解第一砣）后，若是上等好料，赌正了，那么皆大欢喜。如果是脏绺次料，那只有愿赌服输了。

5）不可狂妄自大

在搞古玩鉴赏的人中，有的玩家在众人面前自吹自擂，目中无人，自认为是天下第一。其他人觉得他太狂妄自大，就有人设个套，让他钻进去，上当受骗。叫做“设局”。这种行为在业内不被认为是骗人，而是惩罚他的自我吹嘘。这种方式教育人们要谦虚，学无止境。即使眼力再高，也不能目中无人。

6）“袖内拉手”

玉器行和古玩行都有这个规矩，交易采用秘密的方式。在袖子里谈好价码。如果是价值较高的器物，则采用“封货”方法，密封投标，之后当中拆封，出高价者得标。

上文述及，京都之中王朝的几次更迭，特别是清廷灭亡以后，“落了架的王爷”或是“顺了东西的使唤人”甚至是一些胆大的盗墓人，这些因素都是使内廷之物流入民间的原因。因此交易这些东西的市场不能公开，有时候就趁天没亮进行。北京的“鬼市”形成就是这个原因。另外，前文述及，玉行商人里面有百分之七十以上的回民商人，他们的信仰与习惯也逐渐融入整个行业的范式中去。如“牙齿当金使”“袖内拉手”的交易方式等

---

① 陈重远．鉴赏述往事．北京：北京出版社，1999：10．

等都是回民传统的交易方式。

3.3　规矩、机制与文化心理

上述玉作坊内、行间的规矩看似各不相同，但是有同样的特征：神秘而严明。凡是跟眼力、经验、技艺相关的方面，都不能完全显露给大家。陈重远先生曾在他的《老古玩铺》一书中谈到，有人编造一些珠宝店、古玩铺里的人会“憋宝”，别人看不出来的宝，他会看出来。谁家有宝，他在老远就能看到宝气冲天。学会了“憋宝”就不得了。实际上，不可能有这种技艺，技艺精湛的琢玉大师和眼力精准的鉴赏家都是从小徒弟慢慢磨练出来的。勤学多练，经验丰富了，自然总结出一套方法。聪明的人，把这套方法再总结提炼，变通运用，就变成了绝技。

神秘的事物的表象，总给人带来惊为天人的错觉。背后却是实实在在的行动和努力。越是神秘，就越让人觉得掌握这些技艺之人的高明，对其产生的崇拜和尊重就越强烈。越会使人更加励精图治，百尺竿头。这样，自己得到的价值认同就会越多。

李博生回忆说，解放后公私合营时期的北京玉器厂，“设计室”就是一个大“了作的”。那时候“了作的”和先生对学徒都很吝啬夸奖的字眼，却都非常尊重手艺。站在学徒后面默默看，一句“你这家伙使绝了”就是最大的褒奖。学徒的如果被了作的夸奖以后，先生也高看一眼。同时只要“了作的”派发给你活儿了，你也就成先生了，会得到更多的尊重。在这样一个价值链条中，我们看到“真本事”代表了话语权，代表了权威。“凭真本事说话”成为包括玉作在内的手工艺行业中普适的价值观，甚至可以出现“斗技”的竞争意识。因此，传统玉作中不断地技艺创新和精湛的工艺品层出不穷也就自然而然了。

这个“规矩”系统，统摄的对象包括整个京都玉作系统内的所有人，既有下层的学徒，又有上层的管理者。规矩既可以是成文的“制度”（如：不许大声喧哗）又可以是不成文的“声音”（如了作的用声音规范学徒正确使用工具），还可以是约定俗成的行为底线。（可拿不可偷）每个人都在规矩的约束下，自检、互检，慢慢将规矩融入自己的言行和心灵，成为一种行为和心理习惯。这个“规矩”，在现代我们称为“机制”。它的字面含义为：

> 泛指一个工作系统的组织或部分之间相互作用的过程和方式。（现代汉语词典）在社会科学中，可以理解为机构和制度。

与“机制”相近的含义是指做事情的方式、方法。或者简单地说，“机制”就是制度化了的方法以及方法的可行性。管理机制一般是指系统内部各方面、各要素之间相互作用、相互联系、相互制约的形式及其运动原则和内在的、本质的工作方式，是指由组织系统、管理体系、激励与约束机制所构成。组织系统是管理体系运行的载体。管理体系能够引导技能和知识的积累与配置，进行卓有成效的技术创新。

如果我们把这段定义融入玉作中，理解起来就简单了。作坊、商号中涉及的人群为组织系统，其中掌柜的、夹包的、了作的为三层递进的管理体系，各自对自己的分系统有绝对的权威。这三个角色互相制约，互为促进。系统内，各个级别的人都在为总领这个系统的激励机制（通过真本事得到身份和敬重）而努力，同时也受约束机制的规范。

最难能可贵的是，在京都玉作系统中，古玩行、珠宝玉器行，玉作坊中的商人、匠人并不自知已经被纳入了一个“规矩”的系统。（古玩行和玉器行一直是两种行业，各自有自己的商会，玉器行里回民多，古玩行甚至不许玉器行里的回民入会）因此，这个机制不是一种明确的制度和管理体系，而是一种统一的对宫廷玉作的式样和精工的认同，转而变成对于承载于“物”的技艺和人格的认同。这样的文化心理和价值共识成就了这个潜在的机制。

“内廷之物”、“恭造之式”的玉作能有如此大的影响力，还要源于宫廷之内代表帝王意志和趣味的主流文化的渗透能力。

玉和其他的物品世界的“物”不同的是，它先天就具有一种“天地之精”的神圣性。进入宫廷中又被礼制所限定，同时帝王的近身之物和把玩之物以及对于玉作亲力亲为的介入更强化了人们对这种物品的神圣与尊贵的认识。于是，宫廷玉作的匠人会殚精竭力地穷其智慧、技艺与精工，不计工时不计成本。这种工艺价值观熔炼于“内廷之物”，又通过玉行商人推演至民间玉作，成为京都玉作系统中具有共同指向的文化心理。

4　京都玉作的工具系统与技术观

> 一个玉件儿，从粗磨到细磨，要不断更换各种型号的砣子，逐渐递进细腻的程度，“活儿”[①]形态各异，方圆不一，凸凸凹凹，都靠艺人的手上功夫，操作起来，手忙脚乱，却必须全神贯注，一丝不苟，两只眼睛像被磁石吸住，一颗心像被无形的绳子吊住，以至于连呼吸都极轻极缓极均匀，了无声息，“沙沙”的磨玉声掩盖了一切，融汇了一切，他做起活儿来就把人间万事万物统统忘记了。
>
> ——《穆斯林的葬礼》第一章　玉魔

1962 年，龙潭湖，合并之后的北京玉器厂新厂址正式启用，北京玉行人俗称“水晶宫”。李博生这样回忆当时制玉车间的场景：

> 远远的走过去，就听到类似于庙宇殿堂内敲磬的声音“当——当——”，这个声音虽然是捞砂子敲铁锅发

① 北京传统玉作坊中对于在制作过程中未完成的玉制品的称呼。

出的声响。但从老远听上去却是既神秘又有很神圣的感觉。走进作坊，没有嘈杂的声音，只有砂子、砣、玉料相互摩擦时发出的清晰而富有节奏的声响："刷——刷刷——"不同的工具发出的声音不一样，但是全部都是有节奏的。偶尔家伙[①]使得不当，了作的不用看，来回一走，远远地听见就会说："你这家伙使得不规矩啊！"。

……

每当先生把活儿完成一个阶段，中途休息时候，点上一锅烟，高高地坐在凳上，眼睛四处观看，里面就有包含很多意义。

……

文学作品中关于琢玉状态的描述和琢玉大师的回忆不谋而合。无论是文学描写，还是史料记录或是玉人口述，都有这样一种倾向——北京的传统玉作坊中，好似有一种神圣空间的氛围，让人心存敬畏，也给琢玉之人一种深刻的暗示。只要进入这个氛围，玉人自身的行为规范，作坊统一的规矩，自上而下的等级规约，甚至于前文述及玉行之间的规矩。这种种自律、他律、互律一脉相承，汇集在一起，不仅仅表现为一种外化的制度，还形成了一种比制度更为稳固和深刻的心理印记，是一种可以安放玉人精神价值的秩序。这种等级和秩序，也跟其工具系统紧密联系在一起，形成京都玉作独特的工具技术观。

---

① 北京传统玉作坊中对于工具的口语化称呼。

4.1 利器的隐喻——京都玉作的工具观

京都玉作中，作为玉人手之延伸的工具系统具备了超越单纯工具与技术层面的隐喻意味。

在北京旧时玉行里，有一种说法叫“要手艺”。意为如果一个人能利用工具和技艺做到别人做不到的事，就被称为会“要手艺”，“手艺要得绝了”。比如，同一块玉料，利用同一把砣具，匠人甲套出五只碗，匠人乙却可以套出八只。那么，乙的手艺就比甲“要”得高明。这时，掌柜的会对乙“高看一眼”，并付加倍的工钱，这份赏钱叫做“要手艺的钱”。这钱并不是因为给老板省了料的嘉奖，而是说：这手艺要得这么绝，就值这个价钱。

“要手艺”关键就在于一个要字，其实就是“心运其灵，手熟其巧”的外化表现。在传统社会中，“手艺”就是一个谋生的本事，手艺人的地位也处于社会的低层。但在京都玉作中，这种对于“手艺”的敬重尤其强烈。隐藏在工具与技术背后的语义在于：对于工具灵活娴熟地运用，不仅仅代表技艺水平的高下，还直接和匠人的价值与尊严建立连接。无论是官作还是民作，都遵循这样的独尊技术的观念。

4.1.1 水凳

水凳之称是沿用清人的称呼，是以脚蹬为动力，利用砣具琢磨玉器的操作台。明人称之“琢玉机”，工人称“砣子”、“铊子”。北方玉作中称为“水凳”，南方玉作中称为“砣机”。在此沿用“水凳”之称。

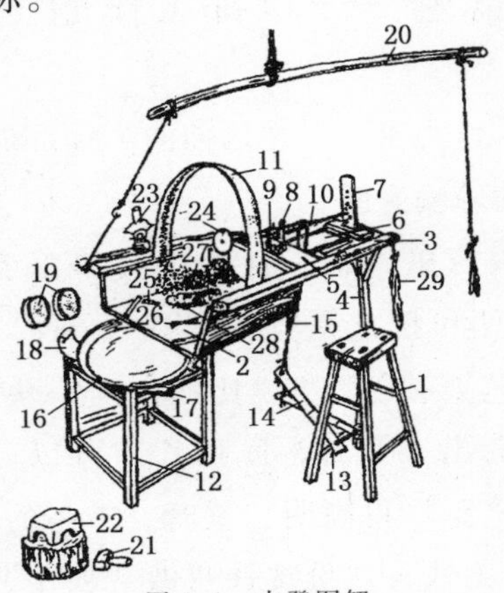

图 4-1　水凳图解

1. 坐凳　2. 凳槽　3. 凳梆　4. 凳支子　5. 千金　6. 海眼　7. 山子　8. 相板　9. 相板塞子　10. 工具轴　11. 砂圈　12. 锅架子　13. 踩板钉　14. 踩板　15. 踩板绳　16. 砂子锅　17. 槌锅棒　18. 砂铲　19. 糙细砂箩　20. 吊秤　21. 拍砣锤　22. 砧子　23. 灯　24. 砣子　25. 掰刀　26. 鬃刷　27. 磨玉砂　28. 玉件　29. 擦手布

图 4-2　水凳模拟图

图 4-3　清　《玉作图说》中的水凳样式

传统的水凳结构如上图所示，由凳面、凳梆、凳支子、坐凳等部分构成。凳面为主体，上有凳槽，后面是个方形孔叫海眼，两根凳梆，中间有梁。梁上有一个长方形的孔叫做相板孔，相板是一个厚一点的竹片，长方形，上面是个月牙口，下面有个楔子，是用来架轴用的，方形海眼后面立着一个山子。这些部件构成了凳面。

图 4-4　《天工开物》中的水凳样式

支凳：又叫凳支子或凳梯，用来支撑凳面。锅架子的四根立柱，两根长的和凳梯共同用来支撑凳面，锅架子上置放铁锅，用来捞砂子。坐凳高矮要与做玉人的髋关节平齐。所以玉人都有按自己身材专门定制的坐凳。

踩板：由两片竹片后面打孔，里面穿一个踩板钉，固定到坐凳撑上。另一边连接绳或皮带带动轴转动，如果是木轴，用绳带动；铁轴则用皮带带动。绳的绕法为右脚的绳头在轴外，左脚的绳头在轴里。以左脚蹬踩为主，是发力脚。右脚为辅助作用，保持平衡和稳定。

工作时，人用双腿蹬动踩板，牵动绳或皮条转动就会带动轴转动，同时也带动轴头的砣子转动。玉人用双手握玉料，在砣子的下端进行操作，对玉料进行琢、磨、切、划、钻等动作。左手为发力手，右手协助保持玉料稳定，并负责随时添加解玉砂，这个动作被称为“搭砂子”。绳或皮带缠绕在轴上，通过转轴的粗细不同可改变转速，但转速的调整范围是有限的。

水凳的特点是采用人工蹬踏的动力，所以转速不快，转动的方式是往复式旋转。砣子在玉石上的磨削，也是来回摆动的，由此形成了独特的工艺特点，与现代机械动力制玉的“横机”的高速同向旋转在工艺上有很大区别。

水凳到底是什么时候发明的，已无从追溯。根据杨伯达先生的考证，从几式到凳式，砣机有一个发展沿革的过程。[①] 目前我们所能见到的最早关于水凳的确切记载就是宋应星在《天工开物》中绘制的两幅琢玉图，图上的水凳与清代李澄渊绘《玉作图》上的水凳几乎没有什么差别。（如图4-3～4-5）应该说，明清两代是中国古代制玉历史中鼎盛的时期，设备也处于成熟而完善的阶段。杨伯达先生认为，砣机（即水凳）的发明是制玉工艺史上的一次技术革命。将制玉工艺推向由借用制石工艺以磨制玉器走上琢碾玉器的崭新阶段，它标志着制玉工艺彻底地从制石工艺中分离出去，成为独立的工艺种类。如果古人没有发明砣具，那么中国古玉的面貌必然会是另一种模样。[②]

4.1.2　水凳的隐喻

1）“凳”与“凳儿”

京都玉作的工具系统中也存在对于名称的“正本”规矩。在与李博生先生谈及水凳的时候，他对“凳”和“凳儿”的叫法做了特殊的强调。北方语系特别是北京话中，习惯在有些名词后面加上儿话音表示亲切。比如“小孩儿”、“板凳儿”。但是，水凳和里面的座凳的称呼却是一定不可以加后面的“儿”。这是因为，“凳”是一个正式而庄严的称谓，“凳儿”则有戏谑和随

---

①② 杨伯达. 关于琢玉工具的再探讨. 南阳师范学院学报：社科版，2007：72-76.

意的轻慢味道。

中国古代就有座次和席位代表不同的身份和地位的传统，如象征皇权的“宝座”，象征重要地位的“交椅”。一般人聚集在一起，坐位也按身份分长幼尊卑，最尊的坐位叫“上座”。此外，还有“八座”的说法。指封建时代中央政府的八种高级官员。历朝制度不一，所指不同。东汉以六曹尚书并令、仆射为“八座”；三国、魏、南朝、宋、齐以五曹尚书、二仆射、一令为“八座”；隋唐以六尚书、左右仆射及令为“八座”；清代则用作对六部尚书的称呼。

在京都玉作坊中的木凳，因为它比惯常的凳子更高，同时能够“上凳”操作，意味着在玉作中享有比较高的级别。“凳”也具有与“座”同样的身份隐喻，“凳”在坊中就是一个身份的象征。这里的“凳”以技艺和经验的娴熟作为衡量人的地位的标准。因此用“凳儿”的称呼就兼有对人的身份认同的随意和轻慢。

“凳”是一种对身份的认可和对技艺的尊重。

2）“上凳”与仪式

既然“凳”有玉人身份、地位的隐喻，那么，能否说“上凳”就是考量一个人是否具备进入这个秩序系统的仪式。因为水凳设备中的座凳高度较平常的座椅高，所以，玉人在上凳操作前要撩开衣服的长襟，跨步上凳。再加上能够上凳操作代表了一个技艺水平的迁跃，一种身份价值的印证。于是这个高凳就有了技艺高低的隐喻，而上凳的动作就有了仪式感的意味。

图 4-5　老北京的治玉工匠

图 4-6　建国以后制玉车间内水凳操作情景

李博生先生说：

“玉器行手艺人要想在作坊里挣口饭吃，首先得通过上凳考试，也就是在一上午时间内把凳支起来，摽稳当。凳绳连接踩板让轴转起来，将铁砣和木轴用红土子加蜡的自制紫胶粘上，并用小锤和砧子把砣拢在一条直线上转动，一切停当后再找块‘铡头儿’（废料）试家伙。如果没利落劲儿，在了作的（玉器行作坊里管事的）‘叫饭’时还没干完，不用人轰，自己找地儿吃饭去。”

这段记述给我们呈现了玉人能够上凳的技术基准：

第一，时间限制在一上午内。

第二，水凳要支起来，要求稳当，各部分衔接顺畅。

第三，砣具要准备、承装好，校正直至可以使用。

第四，要展示自己的技术和身手是否利落。

第五，要有自知之明，如果规定的时间内没有完成这些程序，要自行告退。

玉行手艺中，最难学的就是承装工具。学徒时期，练习装工具的时间要占五分之三，做活儿占五分之二，其难度可知。上凳中最难的技术就是安装砣具（粘砣子）与校正砣具（拍砣子）。其次，玉人“捞砂子”的手法也要有相当功夫，因为凳架上的铁锅不能随意移动，锅内的解玉砂也要反复利用，且同一件玉器上从粗坯到细工需要不同粗细的砂子来琢制，学会捞砂子就是能够上凳的必要本事。砂锅内水中放有粗细混杂的解玉砂，只须将水一搅，砂子便因轻重随水分开，之后用木棒轻击锅边，使铁锅产生振动。最粗的砂子便会沉入锅底，可及时捞出，称为“一路”。如此重复，便可粗分出几种粒度不同的解玉砂，一般要分成“五路”砂子，即分成由粗到细五个级别的砂子。高手不借助筛箩等工具徒手就可以捞出五路砂子，用手团成沙团放在凳槽上，最粗的离砣具最近。这是因为防止细砂内混入粗砂，粗砂混入细砂无大碍，但是如果用细砂在细工修整的阶段掺入粗砂，很容易造成玉料表面的磨损。一般人要用砂铲，技术的高低从分出的五路砂子就可看出，高手的五路砂子干净、目数均匀，凳槽内业干净整洁，而低手分出的砂子则是粗细混杂，凳槽内沙浆横流。

看似整治、承装工具的本事很普通，在作坊里却是代表能否进入有资格琢制玉器的“门槛”。对工具的整治和应用，是玉人自己内心对自己的要求和规范。不需要师傅来要求。从另一个方面讲，对工具的使用方式呈现了一个人处理问题的思路、逻辑和方法。这些方法都是在学徒第一阶段“三年零一节”的时间里沉淀和总结得出，进入作坊，能够对工具进行使用，就是对自己总结的经验的实践尝试。

技艺高超的玉人们所使用的工具几乎都是自己制作出来的，把手等附件都由自己亲力磨制。甚至有人的工具都用紫檀木做附件，按照自己的手型磨制成形，用完后仔细擦拭，像对待自己的身体一样悉心保养。

在作坊里，学徒如果能够提前上凳，先生们都会另眼相待。从手艺到地位，高高的座凳改变了人的动作习惯，也承载了一种心理暗示。上凳的仪式就是一个作坊内的“成人礼”，代表一种身份感、尊严感甚至优越感，所有的规范力、约束力都在这一个举动之间得到了诠释。

这个非常具有仪式感的上凳考试，让我们感觉到历代文人所关注的高高在上的“道”是如此的不接地气，而被他们所轻视的匠人之技却俨然成为建构与传递秩序的纽带，成就了人们各就各位、各司其职的传统设计秩序。

包括维克多·特纳、列维·施特劳斯等人类学家都认为，“仪式能够在最深的层次揭示价值之所在”，并认为“早期无字社会中，在他们的深层智力结构中，有的属性与现代哲学家的智力相似”[①]。仪式的作用在人类学家看来，是构建原始的秩序并触摸“天境”的方式。而理性主义导致的功利主义却使我们失去这种境界。

本书认为，“上凳”的仪式感是玉人对普适的价值观的认同与敬畏而产生的一种庄重行为，同时也流露出对于他人和社会表示尊重的典雅和高贵的品质。“北玉四怪”之一的王树森大师教导徒弟的锦囊妙计就是“心不离玉，身不离凳”[②]，从这个意义上说，在被认为地位低微的作坊内，玉人们用这样的“形式”

---

① ［法］维克多·特纳．仪式过程．黄剑波，柳博赟，译．北京：中国人民大学出版社，2006：3.

② 李博生口述。

保有了一种赋予日常生活以庄严、高贵的“品质”，这也是一种传统文化的品质。

所谓“文化”，并不是抽象玄虚的东西，往往正表现在一种具体而微的仪式之中。有了许多这种仪式，一个秩序系统内就有了自己文化上的根基，有了自己的价值传承的基础。所以这种建立在日常生活之上的仪式，其实恰恰是最具深层价值的形式。

4.1.3　砣具

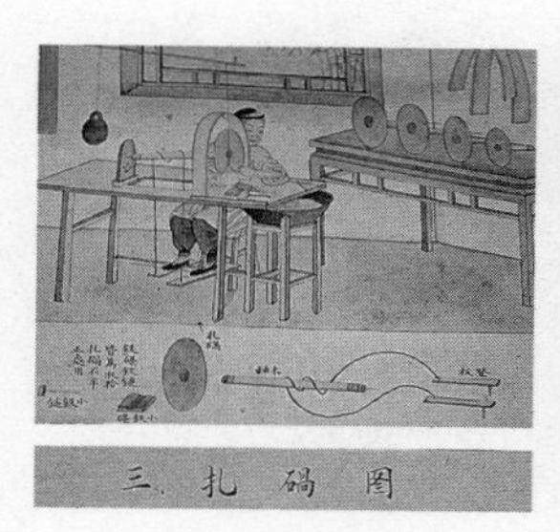

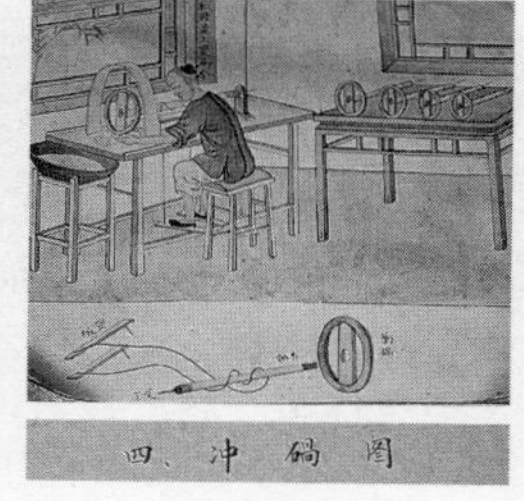

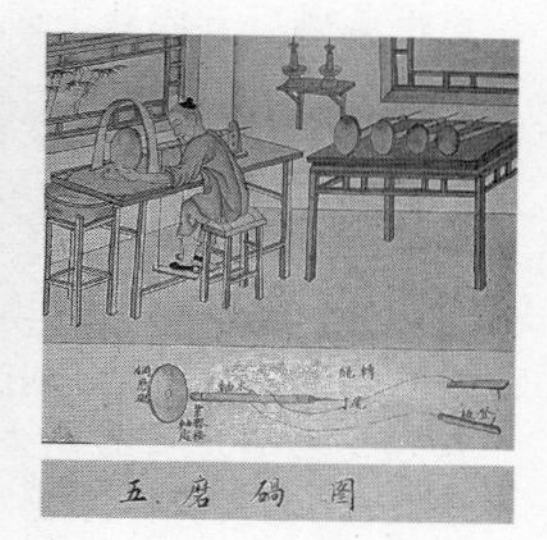

图 4-7　清　李澄渊《玉作图说》中的砣具

清代李澄渊《玉作图说》中的三幅琢玉图给我们提供了解京都玉作工具系统中砣具样式的详细图像资料。下面简表为原图说与本书解说。

三、《扎碢图说》：
按：碢（古同“砣”）用木作轴，用铜作圆盘，边甚薄，似刀，名之曰扎碢。用浸水红砂将去尽石皮原玉截成块或方条，再料其材以为器，用冲碢磨之以成其器之胎形。若大玉料体重则以天秤吊之，如小而则以手托之，不用天秤。 本图工具说明： 登板、木轴、扎碢、小铁砧、小铁锤、铁砧铁锤皆为收拾扎碢不平整处用。

续　表

解说：琢磨玉的轮子工具叫“砣”，以铜为原料（后世更多是用铁材料），边缘薄，类似刀口开刃的圆砣称为扎砣。它的主要作用相当于“切”（后世统称为铡砣）。把玉料切开，或解成块状或条状原料，再根据原料制器。大块玉材因为太重就要用天秤（杠杆原理）吊起，小玉材则不用天秤，直接用左手托住，使扎砣蘸砂解玉。
四、《冲碢图说》：
按：用四五分或二三分厚钢，圆圈内横以厚竹板，再以紫胶接在木轴头上，用浸水净红砂以冲削其方条玉之棱角，故名冲碢。玉之棱角既去，器形既成。玉体肤上尚有小坳痕则宜磨碢以磨之。木碢、胶碢、皮碢以光亮之。 本图工具说明： 冲碢、木轴、尾丁、登板。
解说：冲砣是粗磨，相当于做坯。用稍厚点的钢片（或铁片）圈内有厚竹板支撑，中间钻有轴孔。用紫胶将冲砣胶合在木轴头上（后世多用铁轴）然后加红砂用来冲削条块状玉料的棱角，所以叫做冲砣（冲音同铳）。冲掉棱角，玉器粗坯就做成了，之后再用磨砣做细部，木砣、胶砣、皮砣抛光上亮。
五、《磨碢图说》：
按：磨碢用二三分厚钢盘、木轴，碢形大小不同，约有六七等，既冲之后宜磨之，使玉体细腻。磨工即毕，宜上花、宜打钻、宜掏堂、宜打眼，再各施其工。 本图工具说明： 登板、转绳、尾丁、木轴、紫胶接轴处、钢磨碢。
解说：相对冲砣来说是进一步加工，在坯的基础上磨出细节。磨砣用二三分厚的钢盘，仍然使用紫胶粘合于木轴上。砣形根据直径大小不等，约有六、七等。玉料初步冲削后就要用磨砣琢磨，使其表面变做细而光滑。磨工之后，就可以施以上花，打钻，掏膛，打眼等工序了。

砣，亦称铊，柁，陀。是古代玉作行业非常古老的名称之一。以上几个字，可以互相替换。砣，其实就是打磨玉器的轮子，类似片状圆形的无齿锯。可以是木制的、铜制的、常用的是铁制的。后来延伸到所有切割、琢磨玉器的工具均称为砣。传统的砣具，使用时要用紫胶[①]粘在水凳的横轴顶端。砣根据其功能的不同，分成以下几种：

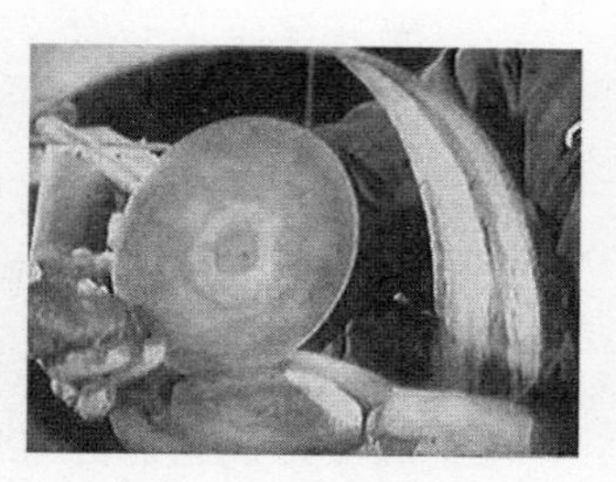

图4-8　錾砣操作时的情景

铡砣：用于切割玉料及制作粗坯。

顾名思义就是其能像铡刀那样切割玉料，通常是用铁片制作的圆形片状锯片，锯口的厚度较薄，中心厚，这样可以增加铡砣的强度。传统的铡砣，规格和定制并没有统一标准，往往是玉人根据需要自行制做。直径大小不一，一般为250～900毫米，厚度为0．3～1．5毫米。可根据切料需要选择不同的直径和厚度。铡砣圆心处必须人工用錾錾起一层，有一个起箍，目的是把铁片箍上劲，以防转动时力道散佚。在箍上冲上四个方形孔，用来钉在木轴上。木轴前面是个平头，钉钉之前要箍上紫胶，将砣片中心粘在紫胶上，同时一边脚蹬带动横轴转动，一边用手捋正、承托。渐渐砣片圆心箍内就平整了，趁紫胶没有完全干，还能调节的时候，将四个钉钉进。不能多次敲击，敲多了紫胶就变脆，失去胶性。

① 紫胶由红土子，松香，白腊熬制而成，用于粘接砣具与轴。

安装铡砣是一项技术性很强的工作，要求手疾眼快，稳准得当。京都玉作中能够上凳的首要条件就是会安装砣具。它要求安装后的砣片轴心保持居中，旋转时砣口始终保持在一条直线上，不偏心、离心。在出现偏心时要及时调整。在紫胶还没有冷却时，一边用木棒紧靠锯口，把铡砣旋转轨迹调整到一条直线上，待紫胶冷却固化后方可以使用。

拍砣子是整治砣具的一项必要技术。需要手砧子（如图4-1中22）和拍砣锤（如图4-1中21）配合，砧子一面要超平，另一面有两个槽（以便持握时不易脱落，同时可以为拍管子[①]所用），敲砣子时，一边是砧子，一边是锤子头，一边旋转一边敲击，里面不能有任何虚空的声音，有经验的师傅听声音就能知晓砣具安装得是否得当。这项基础技术中，声音又是自我规范和约束的重要指标。

錾砣：主要用于整治粗坯。

錾砣比铡砣小，是对经过铡砣分解大块玉料后，进一步雕琢玉器的主要工具。砣片中心有一个方形孔，和錾砣配合的是一根一头粗一头细的短梃。采用铆接，要求梃轴和砣面必须保证垂直，然后再与转轴连接。为保证轴在錾砣正中心转动，需要用拍砣锤的木把靠紧錾砣，同时脚踏转动轴进行调整，如果发现砣片不圆就用锉刀或油石将砣口磨圆，如果砣片出现左右摇摆时，就要敲击铆点进行调整，直至砣口在旋转时能保持一条线，錾砣就安装好了。錾砣直径小，操作起来灵活，用它基本可以完成玉器

---

① 自制工具的一种，将铁片在槽状模具中用锤子拍成管状，用以作为轴套或打钻时的工具。

粗坯的制作。錾砣的痕迹在玉料上如同画素描一样，一砣一砣离得很近，叫做“码”。码活儿码得漂亮的人可以把玉器大型做到七分精细。一般来说，“码”就要一砣一砣在玉料上距离很近地切割，有自信和经验的师傅则把两砣之间的距离变宽，配合掰刀能够迅速出型。所以工具在每个人的手里都具有不同的效率和功用。

勾砣：主要作用是勾饰纹理和细部线条处理。

勾砣直径尺寸更小，但砣口边缘有数种变化。可以是长方形、梯形、倒梯形、圆弧形、平顶透镜形、圆顶透镜形。用勾砣圆盘平面作磨削加工，玉行中称为“顶”。用勾砣的圆盘边沿作磨削加工，玉行中称为“掖”。因为形状各异，就需要拍勾砣。拍勾砣的时候，锤子的力道要既有方向性，又有延展性。这样才能保证拍出的勾砣边缘是自己想要的形状。铆勾砣的时候，如果是稍微大的砣子，则要加一个垫起到稳定的作用。

轧砣：主要用途是将錾砣加工后的玉料棱角磨平，使雕件光洁圆滑，造型准确。

轧砣种类很多，可用于造型的不同部位。砣口平直呈直角的称“齐口”；砣口小于90度角的称为“快口”。砣口侧面形状可呈梯形、半圆形、枣核形等，完全由玉料决定。

钉砣：

钉砣形状、大小都像钉子，头部形状如喇叭口，玉行多称钉砣为“钉子”或“喇叭口”。主要用于细部形象的细致雕琢。钉砣规格比较多，功能也多种多样。从不到1寸的小钉子到6寸的大钉子有五六种之多，可以作勾、掖、顶[①]、撞[②]等动作，是雕琢玉器细部的主要工具。

膛砣：膛砣又叫“串锤”。多为枣核形、球形、蘑菇形，用于冲磨口径较大的玉器器皿内膛。

碗砣：用铁板冲压成碗形的铁制工具，形状似碗。用于冲磨玉碗、玉炉等玉器内膛。

弯砣：弯砣又叫“弯子”，是用粗铁丝制成，用于掏口径小的玉器器皿的内膛，可以根据玉器内膛的尺寸随意调整弯度。

4.1.4 砣具中的“心”与“手”

砣具在玉作的工具中，是样式最多，品种最丰富的一类，跨越了整个玉作成做的所有工序过程。从《玉作图说》中可以看出，砣具大都是一个看似笨重的圆形铁盘，大小型号不同的砣具，通过轴传动旋转，带动砂浆，并利用面、边、沿等各个方位和方式的琢制方法把坚硬的玉件制作成器，这是一件外行人看似非常不可思议的事情。

在砣具的应用中，工艺美术大师潘秉衡和王树森都有“一根轴”的典故。[③] 琢磨一件玉器，从开料到琢制完成，根据我们前面所述工具类别，砣具是要从大到小依次更换，目的是为了配合越来越细微的工艺。一般每个人要换五根轴，而上述两位大师则只用一根轴。就是说一直在用最初承装的砣具。随着琢制过程的深入，玉料变小，砣具随之也变小。由于不同砣具的形状、边沿

---

①② 指用钉砣的顶平面把玉料地子上的根线掖入和撞平。

③ 根据李博生大师口述以及《潘秉衡琢玉技术》一书记载。

宽窄都不一致，功用也各不相兼。两位大师就可以用这一个砣具的边沿、平面等不同位置完成所有工艺需要的琢制动作。

活儿在被琢磨，铁砣也随之变小。最后直到砣具磨没了，“活儿”也完成了。这“一根轴”的本事看似很简单，背后隐藏的是琢玉大师对工具和活儿控制力的游刃有余。在琢制的过程中，玉料的磨损成就了工具的制作，工具又成就了玉料的成型，两者间以一种互构的能量传递方式成就了双方的成型。尤其不可思议的是工具功能更新的形式：工件的完成既是损耗工具的过程又是更新工具的过程；而工具的磨损既是去功能化的过程又是功能再生的过程；这种在加工中同时实现工具功能损耗与增补的辩证关系为其他类型的工具所罕见。

有时，对于工具的娴熟与创造性运用可致新的工艺技术产生。备受民间玉作推崇的“乾隆工”，其中一种技术就是薄胎玉器中的掏膛技术。这种技术要求成器薄而巧，即做出口小膛大的玉器，而且器壁薄如纸，甚至能透光见字。因此还有一种与之匹配的“内画”工艺，即在玉器内壁作画。类似鼻烟壶之类的玉器经常使用到这两种技术。民国初年一个被称为“寿面刘”的薄胎高手，他能将一块沉甸甸的玛瑙石，按照“口小肚大”的造型掏空后，壶壁薄如纸。将烟壶往水中一掷，马上漂浮上来，故而叫它“水上漂”。这样的鼻烟壶远销到蒙古等地，受到蒙古王爷、贵族的喜爱。民国初年，用一件“水上漂”玛瑙烟壶，能换回一匹骏马。①

对于这样的“水上漂”薄胎玉器来说，最重要的工具就是

---

① 陈重远. 老珠宝店. 北京：北京出版社，2005：241.

“弯子”。弯子是类似鱼钩的形状，掏膛的时候，将打钻后的弯子顺着膛口进入膛内，然后轴驱动弯子再带动解玉砂。将内膛多余的玉料掏去。薄胎玉器内膛要掏空，因此弯子的角度非常重要。复杂一点的薄胎玉器，需要150多个弯子。因此，一个重要的技术就是“砸弯子”，其弧度、角度、长短都要非常讲究，弯子做不好，薄胎一碰就裂。

圆盘形的砣子，鱼钩形的弯子，还有下文将要述说的种种工具。看上去都是粗笨和简陋的“铁片”“铁钩”，但是在高手眼中，他们却是自己灵活的手掌和手指，如何动作，都在“心”的掌控之中。从“一根轴”和“水上漂”的逸事可以看出，玉人牢牢把“活儿”和工具控制在自己心里。工具就是自己的手，不同的角度和琢制方法都看用到这只“手”的那一部分。

作坊中包括砣、轴等所有的自制辅助工具都被统一称为“家伙”。因此，在京都玉作的玉人眼中，工具不是笨重的铁具，而是有生命和灵性的身外之“手”，是玉人心与手的连接。用什么样的“家伙”完全要看“活的”需要。随着活儿的需求，玉人操作中这些“家伙”，可能随时变身大铡砣，或又可能变身细弯子。

4.1.5　钻孔工具

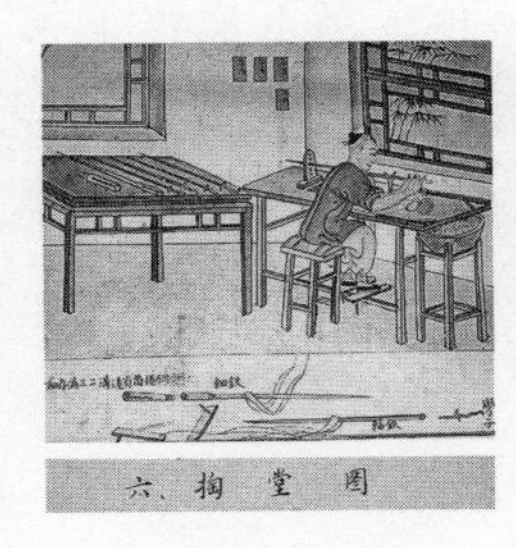

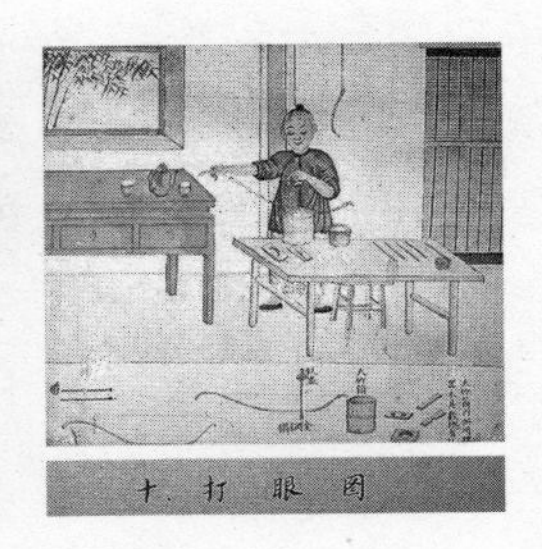

图4-9　清　李澄渊《玉作图说》中的钻孔工具

六、《掏堂图说》:

按：掏堂者去其中而空之之谓也。凡玉器之宜有空堂者，应先钢卷筒以掏其堂，工完，玉之中心必留玉梃一根，则遂用小锤击钢塞以振截之，此玉作内头等最巧之技也。至若玉器口小而堂宜大者，则再用扁锥头有弯者就水细沙以掏其堂。

本图工具说明：

弯子、铁轴、革绦、铁轴，钢卷筒有透沟二三为存细沙。

解说："掏堂"即掏膛儿。指去掉玉料中间部分使其中空。如鼻烟壶、瓶、碗、笔筒、杯等器皿都需要掏膛儿。掏膛儿要用铁片卷起管子，留两三毫米空隙用以搭砂，在玉器上用管先钻出一个眼，当钻管进入玉料后，管内必然有一根玉梃，用小锤从一边轻轻敲击铁管，震动使玉梃脱离玉料。这是做玉器内部处理中需要特殊技巧的一种技艺。如果掏膛的玉器是口小腹大的器皿，则用弯曲的扁锥头就细沙一点一点地把内部的玉料磨除。

八、《打钻图说》:

按：是玉器宜作透花者，则先用金刚钻打透花眼，名为打钻，然后再以弯弓锯，就细石沙顺花以镂之，透花工毕，再施上花磨亮之工，则器成。

本图工具说明：

坠、活动木、金刚钻、弯弓、浸沙盆。

解说：要做透花的玉器，就要打钻。打钻是用一个金属梃状磨具，在玉器花活处先钻出一个眼，即为打钻。之后再用镂弓子蘸细沙沿着作花的弧度锯磨出花型，透花就完毕了。之后再给花做细上亮，就成器了。图中横杆上挂的坠物，以增加向下的压力，提高工作效率。

十、《打眼图说》:

按：凡小玉器如烟壶、班（扳）指、烟袋嘴等不能扶拿者，皆用七八寸高大竹筒一个，内注清水，水上按木板数块，其形不一，或有孔或有槽窝，皆像玉器形，临作工时则将玉器按在板孔中或槽窝内，再以左手心握小铁直按扣金刚钻之丁尾，用右手拉绷弓助金刚钻以打眼。

本图工具说明：

大竹筒内所用稳玉器木具数块有孔板、大竹筒、铁盅、金刚钻。

续　表

解说：小型玉器如鼻烟壶、扳指、烟袋嘴等不能用手持的玉器，都是用七八寸高的竹筒，内注清水，再塞入木板，形状不一，或者有孔，或者有槽，根据玉器形制来定。加工时，将玉器塞入槽窝在玉器上用钢梃透眼。

如《玉作图说》所示，“打眼”和“打钻”都是琢玉技术中需要钻孔操作的工序。有些玉件挂绳需要穿孔，项链、珠子需要穿孔，透雕需要穿孔，活链、活环、手柄、花熏、香炉等需要钻孔或掏料。这些操作都需要钻孔的操作。

打眼是指在玉料上钻直径小于2毫米的小孔，要贯穿通透。

打钻有两层意思：一是指钻直径2~6毫米左右的孔。一是指套取料芯，需要掏出内部的玉料的玉器需要用空心钻孔工具钻进玉料，但并不贯通。之后通过震击取出钻芯，再进行掏膛等工序。

针钻：针钻即细实心钢梃，手工拉钻或以设备带动旋转，可在玉料上钻出略大于钢梃直径的圆孔

空心钻：空心钻主要钻孔径较大的孔，或为了套芯。小口径空心钻直接用金属管制成，管口留有锯齿，以利于沙浆的均匀分布。较大的空心钻用铁片或钢片围卷而成，工具需要自制。制作大的空心钻需先加工出所需尺寸的规整圆柱体磨具，同时垫在手砧子的柱状凹槽内锻打而成。铁片卷成的圆筒接口处需要留出2~3毫米的空隙，主要是为了打钻时便于添加解玉砂。这种自制空心钻开口较小，可节省玉料。

4.1.6　抛光工具

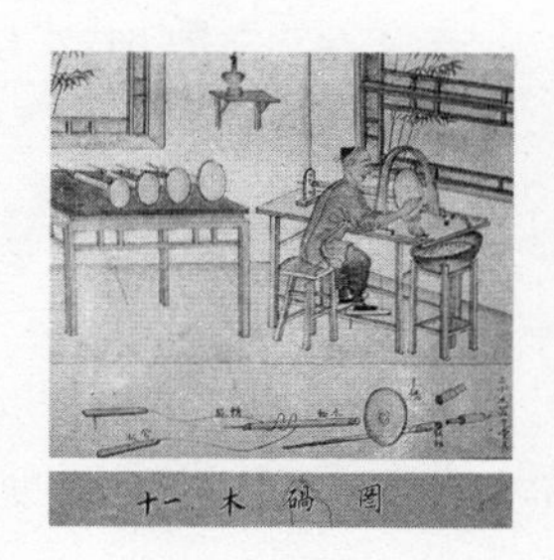

图 4-10　清　李澄渊《玉作图说》中的抛光工具

十一、《木碢图说》:

按：钢碢磨毕玉体虽平，然尚欠光亮，即木碢及浸水黄沙、宝料或用各色砂浆以磨之。若小件玉器不能用木碢磨之，或有甚细密花样者皆不可用木碢磨之，则以干葫芦片作小碢以磨之。

本图工具说明：

木碢、铁轴、木轴、转绳、登板。

解说：木砣是粗抛光工具，后世一般是用葫芦瓢制作。玉件雕琢完毕后，还不够光亮。用木砣加水黄沙等细沙浆研磨至光洁。小件精细玉器或是有细密花样的玉器都不能用木砣抛光，而用干葫芦瓢做成小砣抛光。

十二、《皮碢图说》:

按：此系皮砣磨亮上光之图也，确系牛皮为之，包以木碢之上纳以麻绳，大者尺余见圈，小则二三寸不等，皆用浸水宝料磨之。皮碢上光后则玉体光亮温润，使鉴家爱之无穷，至此则琢磨事毕矣。

本图工具说明：

登板、绳、木轴、皮碢。

解说：最后一道抛光上亮工序。皮砣是牛皮制成的，包在木砣上，再用麻绳细细纳密。大皮砣周长一尺有余，小的则只有二三寸。配以最细的浆料抛光。皮砣抛光后的玉器温润光亮，使鉴赏者无限喜爱。至此，则制玉工序最后完毕。

抛光工具主要用来给琢制成型的玉料上光上亮。跟水凳对应，这道工序又称为干凳。《金受申谈玉行》中提到，干凳手艺人中有一位叫刘宝山的人，发明“亮活揉法”，即把许多玉器放在口袋中，在钱板上揉，即能光亮，又快又好。但仿效的人，不是揉碎了，就是不能完全光亮，可见小技艺也要有其技巧和方法。利手的工具作用就首当其冲。

1）胶碾

胶碾又称“胶砣”，由虫胶和抛光粉（古时一般使用刚玉粉）混合制成的。制法为加热刚玉粉，边搅动边加入虫胶使之熔融，在其没有完全冷却定型的时候，制成圆盘、球状、棒状等异形，冷却后就成为抛光工具。胶砣质地柔和坚韧，抛光效果非常好。

2）木砣

木砣是木质盘状、轮状等形状的抛光砣具。木砣吸水容易变形，所以在使用前要作浸腊防水处理。木砣抛光的原理在于木纤维之间可以依附抛光粉从而产生抛光作用。因此木纹酥松、孔隙较大的木材都可以用来制作木砣。根据木砣木质的软硬不同，分工也不同。硬质木砣抛光粉最好用油脂调制，用以抛光质地较硬的玉器；软质木砣多抛光硬度相对较低的玉器。木砣制作简单，成本低，可以作成各种形状适应不同需要，而且抛光性能良好，在传统玉作中使用非常广泛。

3）皮砣

皮砣一般是用牛皮或羊皮制成，包在木砣上，再用麻绳细细纳于木轮之上。皮砣配以最细的浆料适用于各类玉器的抛光。薄皮轮适应性好，适用于凸面玉器的抛光，对质地松软的玉器抛光效果最佳；厚皮轮适应性较差，一般用于大平面玉器的抛光。

4）毡砣

毡砣是羊毛毡制成，分实心毡砣和蒙面毡砣两种。实心毡砣采用羊毛整体压制而成，使用时，转速不宜过快，以防抛光粉因离心作用散失影响抛光效果。蒙面毡砣是将厚羊毛毡用热水浸泡10多分钟后将其钉压在半圆形木轮上。由于毡砣上的羊毛和羊毛毡易吸附灰尘和抛光粉，因此不宜轻易改变所用抛光粉的种类，并且保存时应当保持清洁。

5）布砣

布砣由棉布制成。安装方法同皮砣、毡砣相同。棉布因其柔软质地，是传统玉作中用来抛光质地较为松软的玉料的工具。

6）葫芦砣

葫芦砣是用老葫芦晒干后的硬壳制成圆盘状，因其质地坚韧，成本低廉，是传统玉作中常使用的抛光工具。北京玉器厂就有专门贮藏葫芦的货仓。

7）刷砣

刷砣由较粗的鬃毛制成，用于去糙、刷亮。

8）皮条

皮条是用较厚的马皮或牛皮条制成的抛光工具，一般宽度约3～5毫米，长度约30～50毫米，可以抛光无法使用轮磨工具的细致部位。

9）蜡抛光盘

蜡抛光盘由铝质圆盘、蜂蜡和布条组成。用于硬度极低的宝石或玉石制品的平面抛光。抛光盘的盘芯以8～10毫米厚的铝板制作为宜。一股剪成 8～12 英寸大小。水平旋转。将蜂蜡放到铝盘加热溶化后，蒙上一块与圆盘大小一致的厚布，用手或金属块压平，待冷却后，在平整的蜡盘表面涂上抛光粉即可使用。

10）锡质抛光盘

锡质抛光盘用锡制成。由于锡比较软，将熔化后的锡撇去表面浮渣倒置在 6～8 毫米后的铝盘上，修正平整后，用小刀从圆心向外刻画出较为密集的放射状小道，利用刀槽挂住抛光粉进行抛光。锡质抛光盘主要用于宝石戒面的抛光。

4.1.7　磨料

一、捣沙、研浆图

二、开玉图

图 4-11　清　李澄渊《玉作图说》中的磨料与抛光工具

一、《捣沙、研浆图说》：

按：攻玉器具虽多，大都不能施其器，水性之能力不过助石沙之能力耳。传云，黑、红、黄等石沙产于直隶获鹿县，云南等处亦有之。形似甚碎砟子，必须用杵臼捣碎如米糁，再以极细筛子筛之，然后量其沙之粗细漂去其浆，将净沙浸水以适用。黑石沙性甚坚；红石沙比红沙性微软；黄石沙性比红沙又软；宝料为上光用，性软硬似沙土。磨光宜研极细腻黄沙去浆浸水以适用。

续 表

解说：过去制玉的砣（根据材料不同，有不同字代表，在制玉工具中将有详细解说），本身的硬度不足以琢磨掉玉的一部分。它是靠着在砣与玉之间的砂（原图中用“沙”，本解说都沿用“解玉砂”中“砂”，意指硬度和颗粒都比较强），一点一点地磨掉玉石的成分。琢玉用的砂是从天然砂中淘出的，分红砂、黑砂、黄砂。黑砂硬度最高，可以达到8～9度。捣砂、研浆是把琢磨用的砂加工到要求的精细程度。把捣制研好的砂，放到器皿中沉淀，沉淀过程中，精细自然分层。
二、《开玉图说》：
按：器用聚钢条及浸水黑石沙，凡玉体极重即宜用此图内所画之式以开之。至若玉二三十斤则以天秤吊之，再用尺六见圆大扎砣开之。论玉之产于山水，其原体皆有石皮，今欲用其玉，必先去其皮，若剥果皮取其仁也，故云开玉，此攻玉第一工也。 本图工具说明： 大锯、聚钢法条，此黑石沙性极坚硬，盆内是黑石沙。
解说：工具用聚钢条类大锯蘸浸水的黑石砂运用途中所示方法分解大块玉料，所谓锯，过去多用竹板弯成弓形，中间绷上铁丝，又称弓子或镀弓子（工艺大师李博生口述），图中画的更像传统意义上的木工锯。开玉的弓弦是几根铁丝拧成麻花股。开玉时在弦上加解玉砂，并不断加水，通过往复运动，消磨开口玉料，慢慢把玉材“解”开。若分解二三十斤重的中型玉料，则是要用杠杆原理把玉料吊起来，同时运用大轧砣开料，这样便于用手把握。玉石产于山中，原石都有一层石皮，若用玉料，必须如剥壳取仁一样把石皮剥开，所以称为开玉，是整治玉料的第一道工序。

在没有人工磨料合成以前，传统玉作中的磨料即解玉砂。

解玉砂

《玉作图说》中记载，“水性之能力不过助石沙之能力耳”。解玉砂一直是传统玉作中非常重要的辅助材料。20 世纪 50 年代之前我国一直使用解玉砂为磨料。解玉砂是天然产出的、硬度很高的各种矿石砂。不同的工序有不同质地和产地的解玉砂相匹配。剖玉时用的是“黄砂”即石英砂。雕琢时使用的是“红砂”，即石榴子砂。抛光用的是产自云南“红宝石粉”。《天工开物》记载：“中国解玉砂，出顺天玉田与邢台两邑（今河北）。其砂非出河中，有泉流出，精粹如面，借以攻玉，永无耗折。”

天然产出的各种矿砂大小不一，质地不纯，就需要上文提到的对解玉砂进行分选。分选工具是用铁锅、水以及目数不同的筛箩。将解玉砂放入厚底窄边的铁锅内，注水，然后用木棒搅拌，略等几分钟后，将泥水排出。再注入清水，如此反复几次淘洗，可将泥沙排尽。待泥沙排尽后，再用木棒搅拌几下，之后用木棒轻击锅边，使铁锅产生振动。最粗的砂子便会沉入锅底，可及时捞出，称为“一路”。再继续敲击铁锅，捞出次细的砂子。如此重复，便可粗分出几种粒度不同的解玉砂，一般是五路砂子，即分成五个级别的砂子。然后再进行细分。将粗分好的砂子倒入一个筛箩中，同时放入盛水的铁锅之中，轻轻摇晃，细砂便沉至锅底，粗砂留在箩中。将漏入铁锅中的细砂放人另一个目数更高的筛子里。再重复上述过程，就可在筛子中得到某一粒度的砂子。只要用上述方法细分，便可以得到各种粒度、适合于各种用途的砂子。用过的解玉砂也采用这种方法进行筛选。磨削玉料的过程中，颗粒较大的砂子会裂成粒度更小的砂子，最细的砂子则可用于抛光。

4.2　工具的思想

“玉作”工艺实际是一个组织水平极高的功能系统。从新石器时代至今，玉作的工作原理基本未变，略有改变的只是实现这些原理的工具手段。而所有这些简易而实用的工具不仅包含着极为朴素的工具思想，同时也体现着极高的工具系统内功能完善、效率提升的能力。本书在研究中经常能切身感受到的那种神秘的、不可思议的魅力，事实上也与这样的工具系统相关。

上文述及京都玉作的设备、工具及辅助材料看似粗陋而琐碎，其实包含着很多隐含于工具的匠人智慧和哲学思维。

4.2.1　相生相克的辩证之思

相生相克，是《周易》对天地万物之间关系的一种解释，是中国哲学中解释阴阳五行的辩证思维。相生，有相互滋生、助长的意思；相克，有相互制约、克制的意思。相生相克不是分割的两方面，是辩证统一的整体。

用水和解玉砂来切割玉料是传统治玉中最具这种辩证之思的方法。南京博物院张敏和周晓陆在1984年首次提出了对玉器切割提出“皮条弓截割”的说法：“其方法是先将兽皮用石刀切割为长条，晒晾干，用竹子做成弓，皮条做弦，将玉料固定后，两人来回拉动皮条弓，一人不断地加水蘸砂，利用皮条带动砂粒，慢慢将玉割开。”①

用至柔无形的水蘸砂来解玉本身就带有中国哲学思维的意味。水在古代中国一直是被先秦诸子津津乐道的事物。老子这样借水阐述“道”：“天下莫柔弱于水，而攻坚强者莫之能胜，以其无以易之。弱之胜强，柔之胜刚，天下莫不知，莫能行。”

---

① 周晓陆，张敏《治玉说：长江下游新石器时代三件玉制品弃余物的研究》。

（《老子·七十八章》）在老子看来，世间没有比水更柔弱的事物，然而攻击坚强的东西，却没有能胜过水的东西。水性至柔，却无坚不摧。先民能够看到河流把山石琢磨成卵石，并创造性地想到用水和砂来解玉，这种思维本身就具有超越技术层面的辩证思维。从“它山之石，可以错玉”的以刚治刚，到用水辅砂的以柔克刚，是先民们逐渐认识自然并获得改造自然的智慧的过程。

同时，玉与解玉砂在成分与结构上有着同宗同源的属性，都属于天然产出的高硬度的矿物。先民们用辩证的思维和朴素的技术完美诠释了“相生相克”、“以己之道，还治己身”、“利害相养”的人间至道。这种工具观也被运用到京都玉作的各种工具中。

4.2.2　匹配性、开放性与生态性

京都玉作的工具每一件都不是形状功能单一固定的，具有随时改变形状与人、与玉料匹配的特性。

水凳的大部分部件都是组装而成，根据人身材、习惯的不同，水凳可以承装成符合自己使用习惯的设备平台。

轴、砣具都是活动可拆分的，根据工艺程序的不同以及转数的高低来改变。安装轴头和尾的相板和山子也是可调节和移动的，根据轴粗细的不同更换。

解玉砂同样如此，粗砂经过磨制、破碎消磨变成细砂，细砂又可以进行下面的细磨程序，如此往复循环使用。

配合水凳使用的辅助工具中，用来校正砣具的手砧子，正面用于校正砣面，背面则可以用来拍钻孔用的管钻工具的模具。

粘合砣具和轴使用的紫胶遇冷变硬，再次加热又可恢复粘性，可反复使用。

敲砣具用的锤子，正面铁头用作校正，手持的木把手可以用作规矩，来矫正砣具是否离心。

木砣、葫芦砣、皮砣、紫胶等工具都采用天然材料，水凳靠人力踩动代替动力，整个制玉加工过程中都采用天然之物整治天然之石，又是一种和谐共生的生态理念。

"利害想养"、"互构共生"的原则在中国传统设计领域一直是被利用的智慧之一。中国人吸纳、改良、协调、权衡的思维方式决定了传统造物的既具有开放性又具有闭合循环的特征。"达人并达己"，"互惠双赢"，"系统内耗"成为实践层面的技术理性。设计与操作准则在古代中国一直不是一个硬性的点，而是一个柔性的区间，有与无、利与害的界限要看人为引导的方向。具有开放性的系统能够不断修正、补充自己的弱点，一路漫步一路生成，所谓步步莲花，才能具有长久的生命力。京都玉作的工具系统从新石器时代始一直到20世纪60年代，几千年都没有本质的改变，其长久的生命力正是源自不断吐故纳新的开放性。

这套经过历史检验、筛选并逐渐完善的玉作工具系统反映了玉人们不断思考、探索、实践，并不断检验和修正技艺与经验的过程。工具之于玉人更像是自己手、脚的延伸，每一个动作都能受命于心的旨意。

在京都玉作中，对于这种娴熟运用工具、制作承装工具的本领的追求达到了一种极致。甚至在玉人间产生一种"斗技"的心理。本篇开篇所述的"耍手艺"以及"上凳"的仪式都说明了工具和技术背后更深层次的隐喻。京都玉作统称琢玉的辅助工具为“家伙”，就是说明工具也是有生命的，是活的。如果师傅对徒弟说：“你这家伙使绝了[①]”就是对徒弟莫大的褒奖。对于工具的掌握程度，同时代表了玉人身份与地位的差异。这种对于工艺技术的坚守和信仰，让我们看到了京都玉作超越单纯工具与技术层面背后，更为深刻的手工艺精神。

① 王树森语。

5 京都玉作——手工之“作”的价值观与方法论

“相材取碗料，就质琢图形。剩水残山境，桐荫蕉轴庭。女郎相顾问，匠氏运心灵。义重无弃物，赢他泣楚廷。”

——乾隆癸巳新秋御题

乾隆三十八年（公元 1773 年），在清宫御作供职的苏州玉匠，看到一块琢碗后剩下的和阗玉[①]弃料，联想起家乡熟悉、恬静的园林庭院，于是因材施艺，化废为宝。依据宫廷无名氏所绘油画《桐荫仕女图》的意境，就玉材的形状和色泽进行构思创作，把琢碗时留下的圆洞，琢成江南园林的圆拱门，并在碗料底部精雕细琢了假山、家具、人物等江南园林中的庭院景象。套碗后留下的带有绺裂的薄料琢成半开的门，以受沁[②]处琢成门洞，

---

① 古名和阗，今名和田，因沿用乾隆题诗的记述，所以沿用古时说法。

② 玉在土中掩埋年久，本质松朽，受到其他物浸染变色，叫做受沁。

好似有一束亮光从门缝透过。桔黄色的玉皮则巧琢成梧桐蕉叶、屋顶覆瓦与垒石。院外穿着罗袍的少女，手持灵芝，轻盈地向徐开的院门走去。门内的少女则双手捧盒，向门外走来。这一切都通过细细的门缝，互为呼应，情景交融。充满了细巧而自然的生活气息。

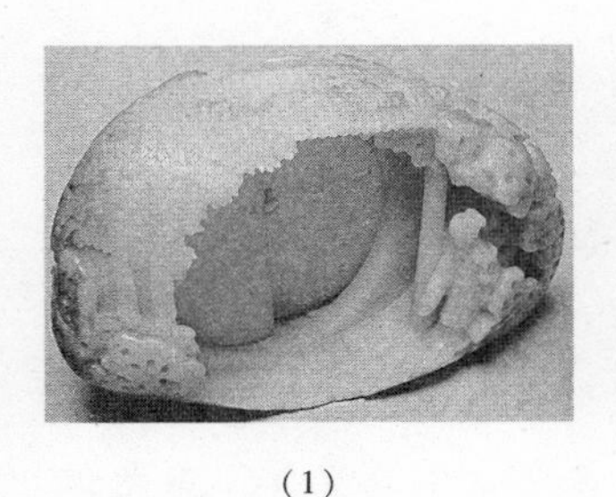

(1)

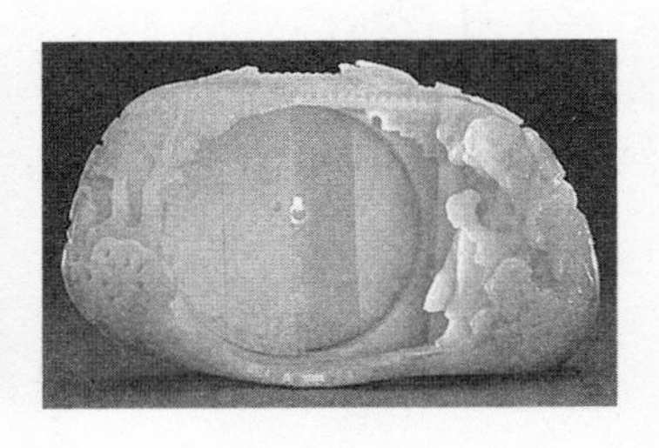

(2)

图 5-1　清　《桐荫仕女图》玉山

这件作品的琢制过程，能够被我们现在这样演绎和解读，是因为它深得乾隆皇帝的赏识，因此特制“御题诗”和“御识文”，命人阴刻于器底。御识文刻：“和阗贡玉，规其中作碗，吴工就余材琢成是图，既无弃物，又完璞玉。御识。”末有“太璞”印。御题诗曰：“相材取碗料，就质琢图形。剩水残山境，桐荫蕉轴庭。女郎相顾问，匠氏运心灵。义重无弃物，赢他泣楚廷。”末署“乾隆癸巳新秋御题”及“乾”、“隆”印各一枚。

我们从乾隆御诗文获悉了这块废弃玉料的来龙去脉。是来自苏州的“吴工”利用套碗后剩下的废弃玉料而做。乾隆对玉人的匠心独运做出了肯定，最后一句“义重无弃物，赢他泣楚廷”

更是给予了高度的赞赏，意即玉工之“义”，比之卞和[1]在楚国宫廷上不怕刖足酷刑，多次呈现玉璞之举还“重”。从乾隆皇帝对琢此作品的玉人的评价中，我们看到京都玉作中，对于玉材的“因材施艺”、“俏色巧作”的思想已经超越了技艺，甚至超越了皇权的层面，是一种寄托“义”和“情”的崇高感。

同样的“吴工”，同样的乾隆帝，我们再看下面一则例子：

《高宗纯皇帝实录》载乾隆五十九年（1794）的禁令一则：

近来，苏、扬等处呈进物件，多有雕空器皿，如玉盘、玉碗、玉炉等件，殊属无谓。试思盘、碗均系贮水物之器，炉鼎亦须贮灰方可燃热薰，今皆行镂空，又有何用？此皆系该处奸猾匠人造作此等无用之物，以为新巧，希图厚价获利。而无识之徒，往往为其所愚，辄用重赀购买，或用价租赁呈进，朕于此等物件从不赏

① 汉代刘向编《新序》卷五第三十篇载：楚人和氏得玉璞楚山中，奉而献之厉王。厉王使玉人相之，玉人曰：“石也。”王以和为诳，而刖其左足。及厉王薨，武王即位。和又奉其璞而献之武王。武王使人相之，又曰：“石也。”王又以为诳而刖其右足。武王薨，文王即位，和乃抱其璞而哭与楚山之下，三日三夜，泣尽而继之以血。王闻之，使人问其故，曰：“天下之刖者多矣，子奚哭之悲也？”和曰：“吾非悲刖也，悲夫宝玉而视之石也，忠贞之士而名之以诳，此吾所以悲也。”王乃使玉人理其璞，果得宝焉，遂命曰：“和氏璧”。（意思是楚国有一个人叫卞和，在荆山里得到一块璞玉。卞和捧着璞玉去奉献给楚厉王，厉王命玉工查看，玉工说这只不过是一块石头。厉王大怒，以欺君之罪砍下卞和的左脚。厉王死，武王即位，卞和再次捧着璞玉去见武王，武王又命玉工查看，玉工仍然说只是一块石头，卞和因此又失去了右脚。武王死，文王即位，卞和抱着璞玉在楚山下痛哭了三天三夜，哭干了眼泪后又继续哭出了血。文王得知后派人询问为何，卞和说：我并不是哭我被砍去了双脚，而是哭宝玉被当成了石头，忠贞之人被当成了欺君之徒，无罪而受刑辱。于是，文王命人剖开这块璞玉，见真是稀世之玉，就命名为和氏璧。）

收。……甚至回疆亦效尤，相习成风，致使完整玉料俱成废弃。……着传谕扬州、苏州盐政、织造等，此后务须严行饬禁，不准此等奸匠仍行刻镂成作。并出示晓谕，令其一体知悉，以杜奇邪而归纯朴。①

对比乾隆开篇提出的同样为“吴工”制作的《桐荫仕女图》玉山，可见，极尽工巧之能事并不是京都玉作所追求的主旨，对于只追逐商业利益，希图厚价获利，从而致使完整玉料俱成废弃的不知“量材”、“惜材”的用玉做法，乾隆帝甚至认为是“玉厄”，是玉的灾难。

上面两则例子给我们这样一个信息，原本严格恪守“恭造之式”，摈弃所有的“外造之气”的宫廷工艺文化精神并不只代表皇帝与士大夫阶层的趣味。有时，一些来自民间匠人自身的工艺巧思也会与宫廷趣味在一个更高的层面上建立某种契合与连接。而技艺之精并不是京都玉作所追求的全部，对于玉料的珍惜，以及如何把玉料和创作做一个完美匹配的“巧思”才是京都玉作的创作要义。

《桐荫仕女图》玉山中工匠可惜这么好的和田玉料白白废弃，揣摩皇帝平日的喜好和心思，把平素的生活所见融入了创作之思，不但没有被斥责，还意外地被嘉奖。皇帝则从工匠对于玉料的“惜”及其巧思巧作中认同了他的技艺与人格价值。可见，京都玉作中，从王到匠，如何治玉，在认识的起点上就达成了一

---

① 高宗纯皇帝实录. 台北：台湾华文书局，1964：1458卷，乾隆五十九年甲寅八月//张丽端. 从“玉厄”论清乾隆中晚期盛行的玉器类型与帝王品味. 故宫学术季刊，2000，18（2）.

种共识，甚至成为一种超越身份和礼法的认同感。这种“因材施艺”而“义重卞和”的治玉思想和创作方法贯穿在京都玉作至始至终的工艺过程中。以致后来北京地区的民间玉作及公私合营北京玉器厂继续延续这样的治玉思想与方法，并被推演成为京都玉作中推崇备至的普适价值。

本节我们将从分析治玉工艺过程入手，详细分析延续千年的中国传统工艺过程中，京都玉作所表现出的更为独特的价值观与创作方法。

5.1 京都玉作治玉工艺过程中的价值观特质

5.1.1 相玉

相玉，也称审玉、相料。玉材源自天然矿产，每一块璞玉都有自己独特的面貌和特征。大小、形状、颜色、透明度、纹理、绺裂等各不相同。这些特征其实就是玉料的天然属性，相玉就是仔细观察玉石的外观形状、颜色、玉质、纹理和瑕瑜等状况，视其质料性状之后的构思设计过程。

相玉是治玉过程中最艰难和漫长的过程，一般要通过“坑[①]、形、皮、性”四个方面进行考察和审度。

首先，设计者要看根据玉材的外部特征判断其产地和质量，这个过程相当于对玉材做一个粗略的归类。经验老道的玉人，能够从玉材的外部表征获悉玉材的产地和质量。一个地方出产的玉

① 玉行中指玉的产地。不同的玉石材料有不同的说法，比如翡翠也称为“种”。

材性能大致相同。“坑子好”的玉材，质量大都不会很差。每个“坑”出产的玉材适合如何操作，设计者在心里就有了一个大致的轮廓。

其次，看形。根据玉材的形状来判断是什么类型的玉料。比如“籽玉”就是经山水冲入河底，又被河水不断冲刷而形成的光滑细洁的卵石形；“山料”则是一般石材的块状不规则形；而“山流水”则是山料玉经过风雨磨损风化而形成的表面平滑的块状形态。根据这些形态就能进一步获悉玉料的质地如何。

再次，设计者要观皮看色。玉料的表面的皮层，也有很多种类。对于类似风化物状稀松粉脆的、没有利用价值的外皮，就要“剥皮”，根据里面露出的玉质进行构思。对于质地致密、颜色鲜活的外皮，可部分或全部保留，创作成颇具匠心的“俏色”作品。

第四是要看料性。玉性是复杂多样的，人眼观察玉会有不同的品性表现。比如性“阴”就是指玉的大部分都呈现出阴沉、晦暗的色调。“油”则是指玉面呈现出非凝脂般的油性感觉；“嫩”是指透明度好但不灵，有娇嫩的感觉；“干”“僵”则是指性干涩、不透彻也不润泽；“松”指结构不紧凑。再比如翡翠讲究“水头”[①]，“水头”足的细腻透明有玻璃透度，称“玻璃地”或“玻璃种”。这些玉性全要靠人眼的识别、对比与观察。

另外，有眼力的玉人长期观察玉料的料性，会对玉性有一种直觉，他们说：“现在仿制高档玉料鱼目混珠的手段十分高明，颜色、质地都可以惟妙惟肖，但是就是感觉缺少些什么。”经验

---

① 玉行中指用肉眼分辨翡翠的透明深度。

丰富的琢玉大师也认同这种说法，认为“一打眼”的感觉，玉性就明了了。我认为这种直觉来自长期的相料经验所积累的一种综合感受，只要有某种信息的缺失，整个感觉就会别扭，觉得若有所失。弄清料性之后，还要在设计时顺应玉性，使作品自然流畅，不扭捏纠结。

第五步要进行“挖脏去绺”，脏是指杂质，指质地不均匀或是附于玉表面或内部的石质斑点。绺又称“绺裂”，是指玉质中深浅不同、长短不一的裂纹。绺裂分为“死绺”和“活绺”，在玉面上基本都能显现出来，根据玉面上绺裂的性状，就可能判断出玉材内部的结构。在操作前，把没有价值的脏、绺尽量去除，无法去除的则要设法掩藏。

最后一部就是要确定设计方案，确定每块玉料的优劣之处，然后根据玉料的自然形态、颜色、属性构思一个与之最为匹配的方案。

5.1.2 京都玉作中的人、玉互“相”

相玉其实是一个设计的起点。但是跟现代设计中“设计”[①]单独被分离出来，成为一个独立的环节不同。京都玉作中，这个“设计”的概念更宏观，被强化成为一个谋划、整治的策略过程，并且更具有人和物互相制约、相互设计的双重性。之后所有的工艺程序的铺展，都要严格遵循这个“设计”的起点。并且，此“设计”是开放的，将随着琢玉进程的不断深化，一直贯穿其中，随时做出相应的变通与调整。

---

① 设计一词有太多的内涵与外延，这里引用的设计单指狭义的艺术设计。

《说文解字》中解释“相，省视也”又谓“察视”。同时，“相”又有一个“交互，互相”的意思。用“相”这个字代替设计，非常贴切地表达了京都玉作的“相玉”设计内涵中，强调的两层含义：一、人与玉的相互审视，二、观玉相而制器。

京都玉作讲究“量质就形”，“惜材之样”[1]，被民间推崇备至的“乾隆工”的要旨首先就在于“良材不雕”，次为“古尚简约”，一直到建国之后的北京玉器厂，老玉人也一再强调“料像什么就做什么”[2]。

一般玉料，尤其是经过河水磨蚀过的砾石玉料，往往表面都有一层氧化层，俗称“皮子”。这层“皮子”之下玉料的结构、纹理、颜色都是要通过“相玉”来解析。相玉设计不同于艺术创作中随意自由的主体性发挥，而是要有一个以考量玉材为前提的被动性发挥的意识，这是一个经验思维与创造思维交织的透视过程。璞玉的外形，皮子的颜色、性状，皮子之下的绺裂与瑕瑜这时候都成了设计者必须考虑的对象，同时还要省视自己是否可能胜任对这块玉料的整治。把有瑕疵的料做成上品和把上好的料做成下品，只在于人和料是否有一个良好的沟通和选择。

老玉人谈相玉的时候经常提到一个字叫“欺”。如果玉人可以“欺”这块璞玉，就表示他有足够的自信和能力对之进行整治。如果碰到难“欺”的玉料，玉人们则不急于“开门子”[3] 制

---

① 张丽端．从“玉厄”论清乾隆中晚期盛行的玉器类型与帝王品味．故宫学术季刊．2000，18（2）．

② 引潘秉衡语，张志平回忆。

③ 北京玉作中对于翡翠进行的第一次开料操作，俗称“开门子”，这里用来泛指开料。

作，而是要慢慢琢磨，直到胸有成竹，可以“降”得住这块玉为止。玉行里有一句行话：“手托日月千斤重，日行千里不动身”就是在说相玉过程中反复的构思过程。如果觉得自己真的无法驾驭这块玉材，那么只能另请高明，“切不敢造次”[①]。可以说，这层“皮子”正如一道门，人在外面“相玉”，玉在里面“相人”。只有能够洞悉门内的景色并成竹在胸的人，才有资格真正走近玉料，开始进行谋划和整治。否则，对不起自己的心事小，对不起那块玉就不行了。

直到20世纪60年代，在北京玉器厂里还是延续了谨慎相玉的理念。王树森给徒弟的教导是：“使用稍高级玉料切不可造次，应集中精力，多做方案对比，三思而后行，实在无能为力者应另请高明，以避‘削足试履’、糟蹋东西。”[②] 面对一块美玉良材，玉人潜在的对料的感情，让他必须慎之又慎，甚至上升为一种责任和道德。如果因失慎而伤了良材，就如同破坏了一个生命一样，自身的道德也被谴责，内心的煎熬和自责无以复加。

京都玉作中，相玉的高明与精髓之处也在于“匹配”二字。一块既定的玉料，在不同人的眼里有不同的品相，在这个限定之下，如何寻找出与之最适合的题材；如何使其保留自然美感、宛若天成；如何使其瑕不掩瑜或变瑕为瑜；如何用最少的琢制动作体现最大的价值，这些方面的考量都是相玉过程中要完成的设计思维。各方面都匹配这块玉料的方案一定是最适合的设计。古代玉人总结出“一相抵九工”，就是指好的设计在治玉的初始就有

---

① 琢玉大师王树森对其徒弟的教诲。

② 王明石. 从“入门”说开去. 北京：北京工艺美术出版社，1983（1）：11.

一个最为合适的构思，可以使后面的琢制动作事半功倍。

从这一点看，京都玉作与南方民间玉作在对于玉材认识的起点上就有很大的不同。南方具有商业性质的玉作系统更加重视新样及工艺上的奇巧翻新。“正是消费者对新式样、新产品的迷恋和追逐，振奋、鼓舞着生产者争奇竞胜的信心和勇气，从而推动着江南民间工艺美术的不断翻新、不断创造。”[①] 而宫廷玉作中却对只追求技艺机巧，不追求天趣的玉作样式“摒弃”或改造。“迩来俗工辈，时样翻新意，斲器牟贵贾，呈进率摒弃，斯亦玉之厄，是用五字刺”[②] 对比乾隆开篇提出的同样为“吴工”制作的《桐荫仕女图》玉山，可见，极尽工巧之能事并不是京都玉作所追求的主旨，对于只追逐商业利益，不“量材”“惜材”的用玉做法，乾隆帝甚至认为是“玉厄”，是玉的灾难。

从这个意义上说，京都玉作在相玉过程中的人、玉互“相”就是一个双向选择的过程，相料亦是识人。“天工”与“意匠”在相玉设计的过程中，有了一个和谐匹配、天人相宜的起点。

5.1.3 设形

经过相玉过程的铺垫，设计人员已经开始构思创作的题材、图样，并将大致造型描绘到玉料上。这个时候，该避开的绺裂、脏点，该巧做的“俏色”等构思都要落实在材料上。一般来说，治玉设计有传统的五类：山子、人物、花卉、禽鸟、瓶素。京都

---

① 尚刚. 元代工艺美术史. 沈阳：辽宁教育出版社，1999：309.

② 清·高宗. 清高宗御制诗文全集. 台北：“国立故宫博物馆”，1976：诗四集，94卷，13.

玉作更讲究山子的气韵、人物的传神、花卉的鲜活、禽鸟的灵动以及平素的古朴端庄。跟中国传统艺术创作共同的特点一致，治玉的创作构思也讲究意境美，突出“灵动”和“气韵”。

1）勾画人物的要领

“立七坐五盘三半”三、五、七都是指人头的高度。以头的高度为标准，身材比例合适，人物看着才舒服。面部比例为“三停五眼”，《中国民间画诀》中提到的口诀很多都跟玉雕人物的审美标准一致。比如：“五部三停看头型，高矮再照脑袋衡。罗汉神怪不在内，再除娃娃都能行。”意思是说脸部五官比例是从发至眉，眉至鼻准，鼻准至下颏为人的头高度，再以此五头丈量身高。这样面部与身材比例才协调。但是这个标准不适合神怪和儿童。

雕琢人物、动物面部表情的诀窍有“要得笑，嘴角翘”。

“画将无脖项，画女应削肩，佛容要秀丽，神像须伟壮，先贤意思淡，美人要修长，文人如颗钉，武夫势如弓”，“心神畅然手捻须，气怒狠者眼拱张，手抱头者心惊慌，急步行走事紧张”[①] 这些口决都成为玉雕人物设形的审美标准。

图 5-2 牧羊女手稿（李博生画稿）

京都玉作的玉雕人物中特别讲究动势与传神，以仕女为例，女孩子眼神要流动，要“暗送秋波”，人才灵动。而眼神又要靠肢体和动势来衬托，传统的女性要别着脚，眼神所指的方向，腿脚

① 王树村. 中国民间画诀. 上海：上海人民美术出版社，1982：10.

就要向相反方向运动，这样才有一个动势，同时也塑造出空间感和张力。这种塑造方法和京剧中的旦角动作有异曲同工之妙。

《中国民间画诀》中也有相似的说法："画旦难画手，手是心和口，若要用目送，神情自然有。"

北京民国初年玉雕大师何荣对神佛面容有自己的理解，认为人要有"精、气、神"而佛要有"清、气、神"。总之，对于人物的设形来说，要遵循"人各有习，习各有宜，识得此意，画无不奇"的理念，抓住各种人的神韵才是人物设形的关键。

2）山子设形的要领：

"丈山尺树，寸马豆（一说分）人"意思是说一丈高的山，树约为一尺高，马为一寸大小时人物高度就是一分。"远人无目，远树无枝，远水无波，远山无皴，远阁无基，远船无帆"，"石有老嫩俏玲珑，水要明澈而波动。树势参差方为美，远流断续是良工。云烟穿聚升腾势，野径迂回道远通。竹叶暗藏禅堂意，松柏楼阁气势雄。"[①] 意思是远处的山水景物就要虚化，石头的结构要玲珑，水波的动态要澄澈，树生长的姿态要自然，松柏楼阁的气势要雄伟。

3）花卉设形要领：

"穿枝过梗"、"露得俏，藏得巧"意指花卉的花朵与叶、梗要互相缠绕、以"藏"凸"显"来体现花卉的繁密与生动。

4）鸟兽设形要领：

"羽族万状，难画群形，锦鸾彩凤，白鹤黄鹂，栖枝细雀，奋宵巨鹏，流声似笛，转羿如云，毛兼五色，声变千音，西池

---

① 王树村．中国民间画诀．上海：上海人民美术出版社，1982：66．

恣浴，琼林肆鸣，回旋海岛，栖息花阴，颉颃蹲踞，展曲有情，飞鸣食宿，各具象生。”要求禽鸟的刻画要舒展而自如，灵动而寄情。诸如狮子、龙凤等类则要“十斤狮子九斤头”即狮子头一定要大。“愁龙喜凤笑狮子”，意指龙眉皱着像发愁，显得威严；凤眼细长向上弯曲，显得喜庆；狮子嘴角上翘，显现笑容可掬。

5）瓶素设形要领：

“线要绷，肩要耸，足要翻”意指瓶素的外轮廓线条要丰满而具有张力，不能瘦弱干瘪，瓶肩要像美女耸肩一样有微妙牵拉的力道，同时，要翻“膛子足”就是指器皿底部的圈足，不挖底翻足的话，器皿就显得笨拙、不轻巧。

以上设形审美标准还只是针对一小部分母题的标准，中国传统的艺术创作中，归纳了一套精细而规范的创作方法与技巧经验，这些口传心授的“口诀”虽然也是师徒相承，墨守遗法，然而这些“遗法”的审美标准却是切实来源于民间生活的长久积淀，因此具有长久的生命力。治玉设形与审美标准的契合更能反映出对于玉料的物尽其用。关于这一点，本书将在后文创作方法中详述。

5.1.4 京都玉作设形中的“美”“丑”观与禁忌

自元代始，宫廷玉作就有类似于现代设计部门的“掌描造诸色样制”的画局，明代御用监，清代造办处下属舆图制作也具有这样的功能。因而对于设形画样的控制，京都玉作一直有一种“宫造式样”的标准。

例如，元代《通制条格》卷30《营缮·造作》载：“至元二十八年六月，中书省奏准《至元新格》：……诸局分课定合造物色，不许辄自变移。”

清宫对于宫内各作活计的宫廷式样都有严格的规矩和限定。

雍正五年闰三月初三日：“朕从前着做过的活计等项，尔等都该存留式样，若不存留式样，恐其日后再做便不得其原样。朕看从前造办处所做的活计，好的虽少，还是内廷宫造式样；近来虽甚巧妙，大有外造之气，尔等再做时，不要失其内廷恭造之式。钦此。”

——《清宫内务府造办处各作成做活计清档》编3310号

“雍正三年六月初二日，怡亲王呈进，奉旨：抢风帽架只许里面做，不可传与外人知道。如果照此样改换做出，倘被拿获，朕必稽查原由，从重治罪。钦此。”

这样的“宫造式样”成为宫廷制器的设形标准，匠师们必须严格按照图样，摈弃所有的“外造之气”的形制，使宫廷玉作有自己的式样标准。皇帝不允许有任何地方风格的工艺制作气息渗透到宫廷里来，更不允许宫内的技艺外传。

虽是“内廷恭造之式”要求不可外传，其实宫廷样式已然通过王公贵族的见识与揣摩与宫廷、民间玉匠的渗透中，流传到民间。因而也成为民间效仿和追随的样式。一直到建国以后，北京玉器厂时期，还保留着对于设形标准的底限和禁忌。那就是，玉作特别是山子、人物作品一定要尚活、尚美、尚善，不吉利的、晦暗的题材不能用于设形。

李博生谈到自己当年的一个玉器创作，有这样一则逸事。他当时所琢的故事题材是西施水边浣纱，他用一块俏色[1]琢成西施肩膀上的一条手帕，帕子一角咬在嘴角，正是风一吹，唯恐被风吹走，西施扭头用嘴咬住手帕的一瞬间定格。这个让他十分得意的创意却受到了当时的师傅王树森[2]的严厉批评[3]，后来他才知道是“口中含巾视为吊”在中国古代是一种很不吉祥的象征。他说：“玉那么美好，怎么可以做不吉利的东西。”

对于现代玉器创作中一些新奇、怪异甚至有戏谑、讽刺的题材，京都玉作的老艺人们也是颇有微词。跟清朝皇帝的观点相同，他们认为有些题材是为了哗众取宠，为了博取商业利益。这样的设形是对不起玉料的。可以看出，对于新奇，画蛇添足，有投机之嫌的机巧、繁缛的式样以及有丑恶隐喻的式样，京都玉作有着一脉相承的反对与抵制。

《礼记·檀弓》记载了这样一则故事：石骀仲卒，无适子，有庶子六人，卜所以为后者。曰：“沐浴、佩玉则兆。”五人者皆沐浴、佩玉，石祁子曰：“孰有执亲之丧，而沐浴、佩玉者

---

① “俏色”，一种玉雕创作方法，又称“巧作”、“俏作”即利用材料天然纹理或沁色，随色依纹，巧施雕工，使景物有如天然生成。其工艺一般有两种：一是让“色”俏然有画龙点睛之妙，即利用表皮的色斑，构形布象，用“色”的部分，雕琢构图的主体形象或局部；二是不加斧刃或略施数刀，利用天然纹理，自然成象，显现出一种自然造化的天趣。

② 王树森，号子厚，别名少芝，北京人。擅长玉雕。自幼随父王恩忠学画和琢玉，1949年后曾在中央美术学院雕塑系学习，长期从事玉雕创作。1955年被评为玉器行业老艺人，并聘为工艺美术研究所研究员。1979年被授予“工艺美术家”称号，北京玉器厂特级工艺美术大师。作品有《群仙祝寿玉佩》、《群山瀑布玛瑙水胆》、《观音普度》等。

③ 说是严厉批评，李博生说：“其实王树森就是神色凝重地看了一眼，重重叹了口气。”

乎?”不沐浴、佩玉。石祁子兆，卫人以龟为有知也。[1]

这则故事的大意是石骀仲死后，没有嫡亲的儿子，只有庶子六人。就要通过占卜来确定谁可以代替嫡子的继承权。掌卜的人说：“大家都沐浴、佩玉，就能显出谁胜出继位的吉兆。”于是，庶子中有五个人都进行了沐浴并佩戴了玉饰。可石祁子却说：“哪有在服亲丧期间沐浴、佩玉的规矩呢?”只有他没有沐浴也没有佩玉。经过用龟甲占卜，果然是石祁子获得了吉兆，得到了继承权。卫国人都说龟是有神灵先知的。

其实，这并不是龟的灵验，在礼记里的故事，指向的都是关于执行礼制方面的宣传教义。六位庶子当中，有五个人相信沐浴、佩玉能得吉兆，其实他们都不合礼仪的规范，故而大错特错了。只有石祁子能知礼并切实地按礼办事，因此也只有他能享受合法的继承权。这是以礼取人、以德取人的一则典故。

如果说，亲人丧期沐浴是对人的不敬，而丧期沐浴、佩玉就既是对人的不敬也是对玉的不敬。玉只能指向和隐喻美好的东西，是儒家三礼之玉的规范。

不可损玉料，不可犯忌讳，不可不美好，这个治玉起点的价值观深深烙印在京都玉作历代玉人的心里。以至于在创作方法上也无法超越这个价值系。

乾隆曾经在其御制诗里不遗余力地端正“俗样”、“新样”、“时世样”、“时新样”，斥民间泛滥成灾的俗样为“玉厄”。老玉人对玉只能设美好题材之形的固守，其实，根源在于一种价值观的差异。对此将在下节关于“画活”的工艺流程中另有叙述。

---

① 《礼记·檀弓下》第四（注疏本，第1298页；白文本，第706页）.

5.1.5　画活

字面理解，画活就是把设计和构思所要雕琢的图样绘制在玉料上。

对于小型玉料，画工可以直接将图样画在料上。对于大型玉料，就要先将构思好的图样在纸上描绘出来，使其具体、形象地显现出来，这是一个由构思意象的“虚”转为具体形象的“实”的重要过程。

玉材体块、形状各不相同，在设计画样的时候，设计者就要对玉材的立体感和空间关系了如指掌。设计画样是一个在头脑中，将二维图样延展成为三维形体的构想过程。画样的同时，玉人已经对玉料中画样的形象在玉料中的呈现有了清晰完整的设想。

一般来说，画样要先选定反映画样正面的较大平面，在上面勾画出将要制作题材形象的轮廓线，然后再依据玉料形状做全面的勾画，不仅要描绘平整的线条，也要把凹凸不平面上的线条连续贯穿描绘出来，这样，才能使下面操作的玉匠能够清晰地看到所要制作玉雕的整体造型。以便在粗琢中恰当地切除多余的玉料或设法合理利用多余的玉料。

画活可分为粗绘、细绘两个步骤：粗绘是在开始琢玉之前，根据构思图样把具体形象的大致轮廓描绘在玉料上，由此而成的图样称为“粗稿”；细绘则是在琢制粗坯以后，把玉件造型的局部细节描绘出来，再进行细节的琢磨，由此而成的图样则称为“细稿”。

粗稿讲究构图以及玉料中轴、边缘最高点、最宽点，确定画样范围。如有俏色，需要以俏色部位为核心，设计其他部分的整体形象并描摹轮廓。细稿要求推敲细绘，在出坯、粗琢到细琢的雕琢过程中，往往要反复勾画多次，逐步达到细化、美化和传神。

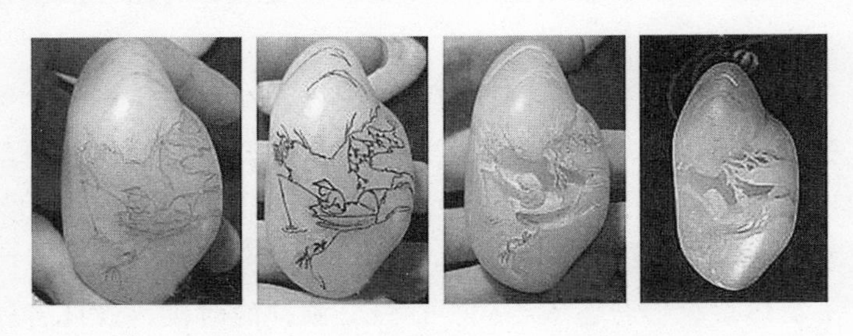

图 5-3　从粗绘到细绘再至琢制完结的过程

图5-4　十八罗汉　粗坯画活

对于这一工艺过程，江浙、广东等其他地区的玉作称其为描样、画样等。唯京都玉作称其为画活。本书认为，在这个从设计意象的“虚”转为具体形象的“实”的过程中，有赋予玉生命力的一种隐喻。从北京老玉人对于玉的称呼，就可窥见一斑。

5.1.6　“活儿”与“货”——不同源头的价值起点

京都玉作中，从画活阶段开始，即加工与未完成的玉料都称为“活儿”，治玉的过程称为“做活儿”。这个说法的来源已无从考证。“干活”在汉语字典里的解释就是从事劳动，做事。“活”在许慎的《说文解字》中的本义是流水声。后来才有了生存、复活、灵活、不呆板、生动等意思。“活”还有生计、谋生手段以及由体力劳动或脑力劳动生产的东西之义。如“这批活儿做得好”。玉作当中，“活儿”的说法应该从后一种意思。北方语系喜欢在字后面加儿化音作为口语表达。

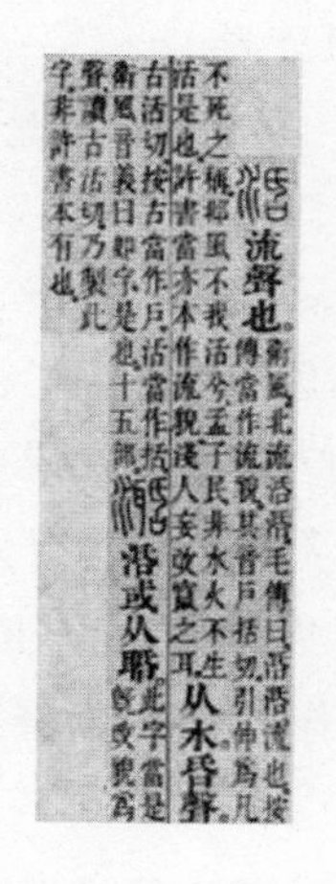
㗻流聲也。衛風北流活活。毛傳曰活活流也。按傳當作流貌。其音戶括切。引伸爲凡不死之稱。邶風不我活兮。孟子民非水火不生活是也。許書當本作流貌。淺人妄改之耳。从水昏聲。古活切。按古當作戶。活當作括。十五部。濊活或从聒。此字當是後人所爲。衛風音義曰聲字是也。聲讀古活切。乃製此字。非許書本有也。

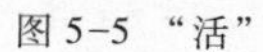
图 5-5 “活”

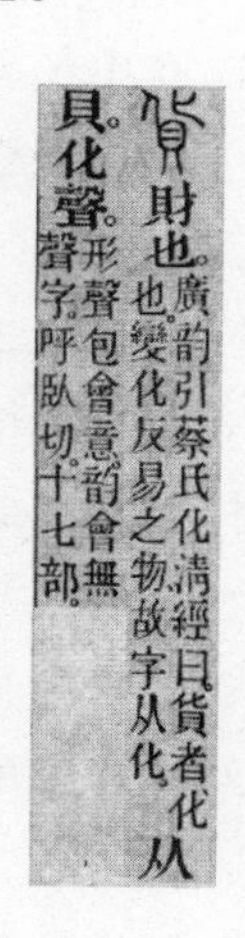
貨財也。廣韵引蔡氏化清經曰：貨者化也。變化反易之物，故字从化。从貝化聲。形聲包會意。韵會無聲字。呼臥切。十七部。

图 5-6 “货”

“货”在《说文解字》中意义非常简洁。货，财也。《仪礼·聘礼》中载：“多货则伤于德。”注：“货，天地所化生谓玉也。”《周礼·太宰》载：“商贾阜通货贿。”注：“金玉曰货，布帛曰贿。”就是说，天地化生之贝为货，最初只是财产的意思，而古时贵重的东西主要以金玉为主，所以，货有时就指金玉。后来，货还有一层动词的意思，指买进、卖出。如“所货西洋珠”（明·崔铣《洹词·记王忠肃公翱三事》），逐渐有了流通领域里的商品的含义，直到今天，货只是泛指流通领域里的商品。

京都玉作的作坊中，治玉叫“做活儿”的传统一直延续到北京玉器厂时期，而今人的工厂和作坊里，治玉叫“做货”[①]。如果按《仪礼·聘礼》中所注，“货”就是天地所化生之玉。那么无论是“活儿”还是“货”本意都是玉。就不存在语义上的不同了。但是，其中的两点区别仍是不可忽略的：第一，“活儿”还有生命、生动的含义。第二，“货”还有财产和流通领域的商品的意思。

乾隆年间除了宫廷玉作，就另有一个碾玉系统存在，这个非宫廷玉作系统有买卖的情形，具有商业性质；非宫廷玉作系统创作了一些玉器样式，并成为市场的宠儿，但是乾隆皇帝并不中意这些流行的类型，甚至厌恶到视之为玉的灾难。[②] 这个说法正好印证了明清浙、苏、扬地区以售卖为主要方式的民间玉作系统。很多富商大贾对于样式的追求在当时使玉作的有“新样”“时新样”等种种时尚潮流。

从这点看，以流通领域商品为目的的玉作产品自古有之，只是，京都玉作中，并不推崇只把玉看作商品的价值取向，他们更多地认为玉是有灵性、有格调的东西，因此如何视玉的价值观就成了“活儿”、“货”之争的根源。

王树森曾教导徒弟，说：“做活儿不能做死”。这里的“活儿”就兼具活计与生命两层意思。传统玉作当中，琢玉之人对于玉料的珍惜之情是今人所无法理解的。古人认为玉是天地之精华。如：

---

① 李博生大师在深入现代南方玉器加工厂时发现的现象。

② 张丽端. 从“玉厄”论清乾隆中晚期盛行的玉器类型与帝王品味. 故宫学术季刊，2000，18（2）.

《周礼正义》引郑注曰：“货，天地所化生，谓之玉也。金玉并天地所化生，自然之物，故谓之货。”“玉是阳精之纯者，食之以御水气。”

《财货流源》曰：“玉，天地之始也。有山元者，有水苍文者，有白如城肪、赤如鸡冠、黑如漆、黄如蒸栗者。”

《淮南子·卷二十·泰族训》在解释“天地之精成玉”时说：“万物有以相连，精祲有以相荡也。故神明之事，不可以智巧为也，不可以筋力致也。天地所包，阴阳所呕，雨露所濡，化生万物，瑶碧玉珠，翡翠玳瑁，文彩明朗，润泽若濡，摩而不玩，外而不渝，奚仲不能旅，鲁般不能造，此谓之大巧。”

《荀子·天论》：“在天者莫明于日月，在地者莫明于水火，在物者莫明于珠玉，在人者莫明于礼义。”

所谓精华，是指事物最精粹、最重要的部分。古人认为天地所化成之玉是天地间最美好的东西。在世间万物当中，玉所处的地位和作用非寻常之物可比。在世间所有事物之中，天之明亮莫过于日月，地之神明莫过于水火，物之名贵莫过于珠玉，人之贤明莫过于礼义，玉是物中集阳精至纯的精华，可知玉在古人心目中的地位。

如果说，这样的记述对于不念四书五经的普通玉人来说太遥远而艰深，那么至少，玉石一直是非常珍贵而稀缺的材料，它不如金、铜好采掘，不如土、木易加工，更不如动物牙角、皮毛好再生，且加工没有可逆性。宫廷也一直垄断着对于玉的开采，因此一块经过层层筛选的玉料非常来之不易。就连宫廷内的玉料供应也不是一直充足。所以有“凡有所造活计，已成、未成，俱伺候呈览”[1] 的规定，以及未按指示制作，轻则扣薪，重则降革职务、体罚、监禁的罚则。[2]

直到乾隆二十五年（1760），西北额鲁特蒙古、新疆回部问题的解决才打通了和田玉石进入中原的渠道。每年分春秋两季贡玉，按时纳入，才使清宫内廷收贮以及流通于社会上的玉石材料逐渐增多，从而使清代玉器蓬勃发展起来。清末近五十年，玉材来源断绝，宫廷玉器生产几乎陷于停顿，因此才有后来翡翠、南阳玉、岫岩玉的补充。

传统玉作中一直都有“惜材如命”的传统，而京都玉作则尤为突出。因为贡给宫廷的玉料中，大多数是和田籽玉[3]等高档玉料。而和田玉的捞取和采掘本身就是一件非常艰难的事情。

古代玉人采玉的方法最初是人们在河边捡拾冲刷到岸边的和田玉籽，之后又到河流中捞取卵圆形的籽玉，《天工开物》中就载有玉人捞玉图。再后来，玉人开始从河谷的砂砾中挖出那些早期河流冲积物中的美玉，直到再沿河追溯继而发现了生长在岩石里的原生玉矿。这个过程一直都是以险恶的环境为伴的。而采山玉较之捞籽玉更难，《太平御览》中载：“取玉甚难。越三江五湖，至昆仑之山，千人往，百人返，百人往，十人至。中国覆十万之师，解三千之围。”便记载了采玉人上山采玉的艰难。和田

---

① 乾隆元年《造办处成做活计清档》编 3776 号。

② 周南泉《论空前发达的清乾隆朝玉器》，故宫文物月刊。

③ 产于新疆和田县的一种高档玉原料。是玉矿经自然风化、冰川、河水不断冲刷，并有河水带至山下的河床中的鹅卵石状玉料，质地细腻致密，表面光滑，大小不等。

山玉位于海拔 5 000 米的昆仑山雪线上，交通险阻，高寒缺氧，因为受季节限制严重，一年的开采期只有三个月左右。并且，虽然玉材的生成原因与一般的石头差不多，但是在开采方式上与其他矿石的开采方式不同。开采者要尽可能完整地把玉石从岩石的夹杂物中分离开来。这样，将玉材从原生的高山上、地体中开挖出来就是一项十分艰苦的工作。加上当时的运输问题，更是难上加难。采玉只是到了清代以后，随着运输能力的提高，才逐渐多了起来。

面对历经千难万险采得的“天地化成之精华”的玉料，面对宫廷内皇帝严格批准才可成做的制度，“因材施艺”对于玉人来说，不仅仅是技艺的问题，还是天大的责任与性命问题，否则就是暴殄天物和受到责罚。犯这两项罪过就是在猥亵自己的人格和德行。目光再回到玉人手中的“活儿”，这是一块玉料，经过天地自然几亿万年的积累和磨砺，终于被人发现并采掘，如今就落在他自己的手里，即将通过自己的琢制，让它变“活”，现出灵气和光彩。这是一件多么神圣的事情！

从前文述王树森谨慎相玉的理念：“使用稍高级玉料切不可造次，应集中精力，多做方案对比，三思而后行，实在无能为力者应另请高明，以避‘削足试履’，糟蹋东西。”[①] 我们可以看到一种深入血脉的惜玉传统。

李博生回忆，玉器厂车间里，每天下工后，要把未完成的活儿统一收回入库管理。如果是非常贵重的活儿，只有师傅才可以拿，所有的徒弟自动围成一个队列，保护师傅持玉料走到仓

① 王明石．从“入门”说开去．北京工艺美术，1983：11．

库里。

面对一块美玉良材，玉人潜在的对料的感情，对于制度的畏惧，都化身对于自身行为的约束，这些暗示都让他必须慎之又慎对待这块玉料，甚至上升为一种责任和道德。如果因失慎而伤了良材，就如同破坏了一个生命一样，自身的道德也被谴责，内心的煎熬和自责无以复加。所以，对于手中的“活儿”，便有了生命与人格的意味。

这种价值观深深铭刻在京都玉作治玉人的心中。

杨根连[①]在回忆初入北京玉器厂时，说过这样一件事：“张玉昆老师豪横一生，快退休了，不小心把一个活儿碰裂了。老人当场就呆住了，一辈子没碰上过这种事。他把活儿一放，一声没吭转身就走了。大家满世界找不到他，后来在宣武公园看到他。没多久，张老师就去世了。玉与人合一，这是张玉昆老师的一生，磨玉人最高的境界。”

活儿就是人，是活生生的生命，在这样的认识起点下，京都玉作的玉人们在琢玉的同时也“修身”，雕琢出的每件作品都带有灵魂。

对比之下，今人称玉料为“货”，并不是取“货，天地所化生，玉也”之意，而是取买卖流通领域中的商品之意。发达的技术让采掘、制造的整个流程都数量化和机械化，玉材虽然仍然稀缺，但是毕竟比从前要相对容易得到。缺少了对“天地之精华”的珍惜，更没有严格监管的制度控制。人和玉不再相互映射，玉料只是和其他矿物一样的材料而已。人们自然也就不再慎之又

---

① 中国工艺美术大师；北京工艺美术特级大师；中国工艺美术学会会员。

慎。道德的语境也就渐行渐远。我们从今天新疆和田地区那被挖掘机肢解的触目惊心的河床就可以看出，现代人在涸泽而渔，透支着玉资源，这被古人奉为“在地者，莫明于珠玉”的东西。

现代性的后果之一是出现过度消费的社会，消费设计话语的产生基于资本追逐利润的天性。可以说，消费话语所遵循的经济原则是：消费设计本身并不是不道德的，但是，当利润成为设计与制造唯一的追求时，设计师和制造者就只是资本运作链条上的一个零件，因此，营利的价值取向势必会影响设计师和制造者的道德感，使其陷入一种系统的、体制性的盲目之中去。

货，财也。利润也就是财，在与人的道德与责任的博弈中，在今天的消费社会，全面胜出，成为最终追逐的目标。所以，今人称为“货”仍旧有其道理。“买卖”与“财”成了整个消费链条中的终极目标。只是价值体系的改变，让人觉得人类离财富越来越近，却使一切都失去了神圣性和崇高感，也距离人类自身的精神世界愈发遥远。

5.1.7　工艺设计

玉人在动手琢玉之前，还要有一个关于工艺过程设计的技术分析。首先根据料性选择合适的琢制工具与配套方法。如脆性料、韧性料等料性不同，琢制工艺也要相应调整。之后，要确定出先琢制哪个部位，后琢制哪个部位，因为玉料分步骤完成，要注意怎样才能避免之前琢制过的部位不容易被刮碰、破坏，做到安全“保活”，怎样才能使玉料具有修改的余地。

玉料加工具有不可逆性，每一个工艺过程都要慎之又慎。所有考量都要在设计工艺程序中有所预设。如果说相玉阶段是对玉料与设形双向思维的过程，那么，琢玉工艺设计阶段就是对琢制前后的粗坯与成品进行双向思维的过程。这个过程建立在玉人丰富的琢制经验之上，既要把画样由二维平面推落至三维空间，还要把推落的程序与逻辑设计得合理而完整。

工艺设计虽然不同于设形设计，但仍然是非常具有创造价值的劳动。同样的画样在不同人的手中，琢制时间、工序各不相同，成品后呈现的意境和气质也完全不同。从二维图样到三维空间的转换思维中，形象主体与背景之间的层次、虚实，形象之间的呼应与贯穿，其中的气韵都是需要在琢制过程中再创作的。从这个意义上说，琢玉过程是一个设计与创作贯穿始终的过程，设计者、制作者以及玉材三位一体，互相渗透、互为考量、互为补充。如果只是凭借描绘在玉材上的墨迹来循形琢制的话，就会像超声波玉雕机按模具生产出来的流水线产品一样，没有任何个人特色与创造价值。

图 5-7　十八罗汉　泥制群稿 58

京都玉作中，对于大型复杂活儿的工艺流程设计，往往需要研究小组来多次商讨论证。北京工美集团唐克美老师亲历了北京玉器厂“四大国宝”的制造过程。她回忆说，当时每组都有核心人物和核心技术带领，充分发动各种力量的巧思和技术，设计与工艺都有很多日记，老艺人的日记中也有很多调整和改动。相料和工艺设计经历了很长时间。一些复杂的大型设计，甚至要经过泥稿的反复比对才能落实到玉料上。

图5-8 十八罗汉 玉料与泥稿对比71

图5-9 十八罗汉 玉料与泥稿对比70

5.1.8 治形

工艺流程设计完毕，就要进入正式的琢制阶段。这个过程是治玉过程的主体，程序最复杂、也最无章可循。古代治玉记载中的“切”“蹉”“琢”“磨”代表了这个过程中的主要工艺程序。简单的四个字背后隐藏着精巧细密的技术手段和创作方法。治形阶段又可分为坯工阶段和细作阶段。

（一）坯工阶段

“切”与“磋”的操作主要运用在粗坯制作阶段，目的是使玉料呈现出大致轮廓。又可分为以下几个层次：

1）切块分面

此工序类似于雕塑中的“出大形”，把画样轮廓外的多余玉料除去，初步达到设计玉件的基本造型。这一程序是整个作品的造型基础，要用块面组合的体积语言和空间思维，用尽可能少的块面概括玉件造型的正面、侧面、俯视面等角度。切块分面是两项工作：切块，是先用大铡砣去除勾线外的余料，先

图 5-10 坯工分块阶段 59

切去大料、再切去小料；先切玉件正面的余料，保留或少切玉件后面的余料。通过切块将玉件分成几个大的体块。将玉件主体部分用几何体的艺术语言方式确定造型的基本轮廓。切块后玉件呈几何形体。分面是在确定玉件的体块关系后将一些大面分割成若干小面，从而确定造型的高差、扭转等动势，要求玉雕件造型准确、周正、匀称，比例适中，重心稳定。这个步骤决定了后期造型的韵律与节奏，生动、活泛与否在这个工艺程序中就已有所显现。在这个阶段，重点安排和处理好体块在空间中的关系，同时要注意切块之间的面与面要留棱角，即所谓的“见面留棱”，这些棱角的保留可以帮助及时调整玉件的造型和动势。

2）平底

这道工序指确定玉件的底部，将底部切平放稳。成做玉件最忌讳摇摇欲坠、晃动不稳。平底其实就是确定玉件纵向轴心与重心，使之与地平面保持一种平衡关系。同时也对玉件体块关系和节奏动势做一个确定和修整。

3）二次画样

经过切块、平底之后，画活部分的轮廓线就已经缺失或模糊。为了保证下一步雕刻的准确性，需要在大型上进行再次画样。在玉件相应的块面上勾画出设计画样的细部形象。这时不但要求对玉件各部分的位置的描绘准确无误，还要考虑为下一道工序打出余量，具体细节不能有过多的省略。这个程序需要琢玉人脑海中形成更多的形象思维，对造型中动作姿态、榫接关系、位置比例、细节特征等都要有明确的交代。由于对玉件的块面可以分次进行，细部也要反复推进，所以，二次画样有时也要多次进行。

4）推落派活

此工序其实就是指向纵深方向推进的意思。在治玉工艺中是指根据二次画样的细节将一些块面向下推进，磨去一层，将小面再次分面，以使造型更加准确，通过向下调整，使画样形象中的各部位关系更加合理和谐。推落的顺序是从上到下、先前后背，先整体后局部。派活是指安排细部，就是在相应的块面上先勾画出造型细部的轮廓线，再很浅地琢磨出具体形象，对一些细部进行初步雕琢。派活实质上具有试探性。更有细部规划布局的性质，因为勾画的轮廓线很浅，如果有不合适的地方，很容易修改。推落和派活是紧密相连的两种工艺，往往要反复交替使用才能使造型越来越深入，越来越精确。

5）阶段修整

这次修整就是指在前面粗坯加工的操作之后，在画样准确形象凸显之前，对大块面的结构关系，小块面的分割关系做第一次完整的概括和修正。一方面要用更多的小的块面来反映主题形象的细部，同时还要对前面操作留下的粗琢痕迹做一些清理，使玉件保持一定程度的光洁。修整的

图 5-11 推落后的修整 19

顺序同切块分面正好相反，要先后面后前面，先虚处后实处。一般玉件的粗坯工艺过程在第一次阶段修整后就结束了。

6）开脸、做手

如果是人物、鸟兽类玉件，坯工阶段还要增加开脸、做手（脚）及手持物这道工序。

7）坯工阶段的工艺原则

见面留棱，以方代圆。因为琢玉动作的不可逆性，对于玉料的减法操作都是遵循这样的原则。坯工阶段的“标”“扣”“划”“剌”[①] 等动作都是各种去除多余玉料的减法，用不断切面留棱的方式可以尽可能少的避免操作不当，犯“长袍改上衣，上衣改马甲”的错误。

打虚留实：“虚”指那些掩藏在外部结构轮廓之后的不呈现实体形状的结构。比如衣褶遮蔽下的人体部位。“实”是指在造型外部轮廓可以有清晰呈现的部位。打虚留实就是指实体部位的雕琢先不动，先动那些隐含的结构。只有适当地向内里推落“虚”，才能更好地呈现“实”。这条原则目的还是为了最大限度地保留玉料。

图 5-12　推落后的修整 73

留料备漏：粗坯的操作一定要留出余地，以防琢制过程中出

---

① 琢玉工艺术语，“扣”指砣具从玉料的两个方向入手，如同切蛋糕的手法把一块呈角度的余料切割下来。剜取中间部位。“标”指砣具平面削去余料的方法。“划”指用铡砣或錾砣在玉料上切出许多平行的沟槽，之后用掰刀再去除玉料的方法。

现各种意外，还有改作的可能，对于画样的外轮廓要流出能够向下推落的余地，工序也不该先做诸如镂空之类的细节操作，一旦操作有闪失，不留料备漏就会变成损料、废料了。

先浅后深：同上三条原则一致，先浅后深能够谨慎推落，不伤及玉料。

（二）细作阶段

“琢”与“磨”的操作又称“细作”，是相对于坯工而言，意为仔细雕琢。细作的目的是继续对玉件造型做进一步精细雕琢与刻画，使之形象精确逼真，逐步表现出细微特征。可以分为以下几个层次：

1）勾细样

勾细样就是要把画样形象的细部结构描绘在粗坯完工后的玉件体面上，把局部细微内容准确勾画出来。勾细样与画活的勾“初稿”不同，初稿只要求描出造型的姿态和外部轮廓，而细稿则必须把每一个细部勾画得清楚而精准。人物五官手足、衣褶纹理，花卉的花瓣翻卷、折叠与穿枝过梗的准确形态，鸟兽鱼虫的翅、爪、鳞、毛等细节都要清晰地勾画出来。细样勾好后就可以开始精细琢制了。同二次画样相同，勾细样与琢制也是要不断反复进行多次，直至造型完美精准。

2）精细定位与派活

精细定位与派活是指在勾完细样的基础上，对粗坯工艺留下的块面上许多未做实的部位，继续进行推落和精细雕琢的操作。这时进行的派活具有精细定位的性质，技术上要求逐渐磨除块面界限，使玉件表面各部位形象更加凸显，同时保持没有明显的琢痕。对于人物造型要把五官、衣纹、陪衬物做出；对于花卉要把穿枝过梗的层次关系、花叶折叠翻卷关系做出；对于器皿造型应该把盖、耳、身、足之上的兽头、花纹等图案琢磨完成；对于一些容易磕碰损坏的细微部分和难雕的镂空部分则要放在最后的修饰阶段完成。

3）二次修整

二次修整是相对于粗坯阶段后的修整而言，目的使玉件的细部特征更清晰、界面更圆滑规整、表面更加平整光洁。

图 5-13　二次修整

4）细工工艺原则

“以方易圆，破大面为若干小面；先定起伏凹凸，后定长短轮廓，不急于确定细部”[①] 从这个口诀中可以看出，细工工艺原则在粗坯阶段的原则之上还是要求谨慎推落，步步都要留有余地。

---

① 赵永魁，张加勉．中国玉石雕刻工艺技术．北京：北京工艺美术出版社，1994：248．

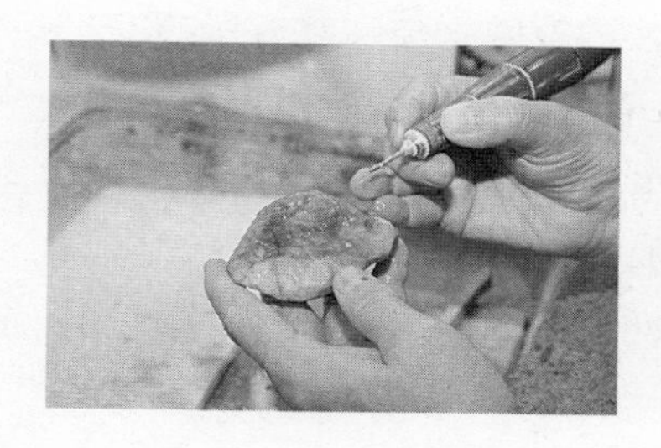

图 5-14 细工 0697

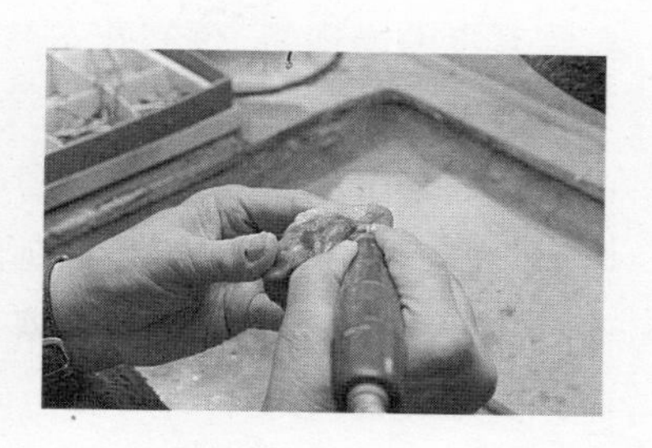

图 5-15 细工 0708

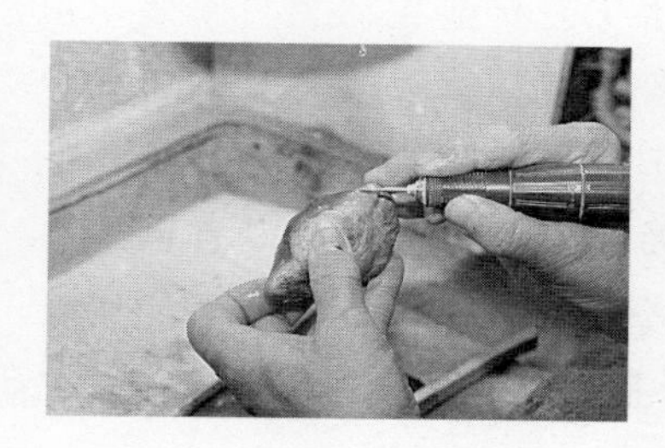

图 5-16 细工 0693

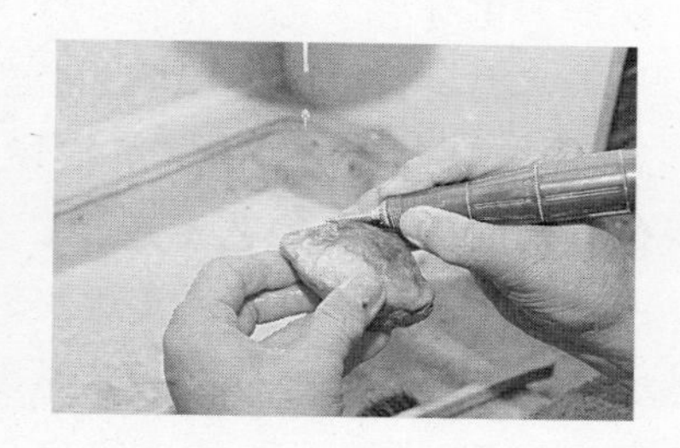

图 5-17 细工 0704

5.1.9 治形中的“雕”、“琢”之争

京都玉作老人一再强调制玉应称为“琢玉”而不是现代统称的“玉雕”。今人都称玉器加工为玉雕工艺，这个称谓被广泛认可一是因为语言习惯的约定俗成（木雕、石雕、象牙雕等其他手工艺种类说法统一，玉雕也因属于此类手工艺加工方式而统一称呼）；二是因为 20 世纪初中国引入西方的美术思想以后，传统手工艺化身“工艺美术”，凡此类型进行打磨、锉、刮等减法动作的手工艺都统称为雕，而以材料堆、砌、叠等加法动作的工艺称为塑，都归类于雕塑的范畴；三是因为工具设备的进步（如玉

石雕刻机的出现），琢制技术与方法的改变也使称呼有所改变。

是“雕”还是“琢”，这个称谓本没有什么问题可争论，连中国古代最早一部解释语词的著作《尔雅》里面也有“玉谓之雕”、“玉谓之琢”、“雕谓之琢”的解释。在中国传统工艺领域，称呼从来不带有归属与地位高下的意味。但是20世纪上半叶，西方美术理论进入中国以后，似乎带来了“美术”高于“工艺”的思想。[①] 在中国现代设计启蒙的混沌阶段，人们自身也有很多误读。化身“工艺美术”的传统手工艺行业也认为自身该归属于美术类。当时对于玉雕这个称谓的解释就有了划分归属的色彩——“‘雕’字在这里描述了产品的艺术特征和表现形式。像青铜制成的各种艺术造型，在美术分类上就称为‘青铜雕’。既然如此，对于同样具备雕塑艺术特征的玉制工艺品来说，为什么不能理直气壮地称之为‘玉雕’呢？”[②]那么，“雕”、“琢”之争到底争在哪里呢？

历史上，今人所说的玉石雕刻工艺被称为琢玉、碾玉。最早出现治玉技术名称记载的书是《诗经》。《诗经·小雅·鹤鸣》曰：“它山之石，可以为错。它山之石，可以攻玉。”毛传：“错，石也，可以琢玉。”郑玄注云：“它山喻异国。”又：“它山之石，可以攻玉。”毛传：“攻，错也。”《韩诗》也说：“琢作错”。古人治玉，要用石头慢慢地磋磨，用来磋磨的石头就叫“错”。“攻”是动词，指的是磨制，亦即是琢磨玉器的动作和过程。

---

① 五四运动后关于中国对于西方“现代化”的相关讨论。

② 赵永魁，张加勉．中国玉石雕刻工艺技术．北京：北京工艺美术出版社，1994（9）：3．

《周礼·天官·大宰》载：“以九职任万民……五曰百工，饬化八材。”郑玄注云：“八材：珠曰切，象曰磋，玉曰琢，石曰磨，木曰刻，金曰镂，革曰剥，羽曰析。”每一种材料的加工方式都有自己的技法名称。又《周礼·冬宫·考工记》载“刮摩之工：玉、楖、雕、矢、磬”，“玉不琢，不成器”（《三字经》）；“玉虽有美质，在于石间，不值良工琢磨，与瓦砾无别”（《贞观政要》）。可见，早期制玉加工称为琢或磨（摩）。

宋人评话中《碾玉观音》称玉加工为碾，工匠称为碾玉匠。直到明代宋应星《天工开物·珠玉第十八》才有了何谓琢磨制玉的文字——“凡玉初剖时，冶铁为圆槃，以盆水盛砂，足踏圆槃使转，添砂剖玉，遂忽划断。”

由此得知，无论是早期的用石错玉，还是后期的铁砣解玉砂解玉，几千年来中国制玉传统中的琢、磨、碾等动作都是借助磨料（刚玉、石英等硬度大的天然矿物的细碎粉末）来小部分磨削玉料的过程，“琢磨”是制玉加工的实质动作。

在“玉雕”称呼已经普及了的今天，琢玉老先生那里，还是存在还“雕玉”为“琢玉”的声音。是“琢磨”还是“雕刻”看似只是称谓上的争议。背后却隐含着一个大的背景语境。

“百工”所整饬的“五材”中，玉材非常珍稀且质地坚硬，是最难整治的一种材料。中国几千年来的制玉传统中，玉料一直是靠脚蹬手磨的动力，依解玉砂的硬度和水的调和，让玉料一点点碾磨下来，随水流走，渐出器形。在新石器时代的玉器中，有孔的玉器都是通过木质、石质、竹质等钻孔工具，用弓形器拉动长绳，长绳缠绕于钻具之上，用绳带动钻具旋转，加水、加沙后钻制成孔。考古学者对红山文化蹄型器坯料和玉芯上面留下的切割痕迹作了分析以后得出结论：红山工匠先是用管钻在坯料的最低点钻通一个孔，然后把野兽皮拧成的线穿进里面，在解玉砂和水的辅助下，环绕着椭圆形坯料切割出玉芯。再反复打磨抛光，直到最后完成。有的专家做过这样的实验，用现代化的工具，在一块厚度达十五厘米的玉料上，切割出一个圆筒状的玉芯，只用十五分钟。而五千年以前，红山工匠要取出同样大小的一个玉芯，则需要经年累月的努力。[①]

试想一下，这样的琢制方法是需要漫长的时间进行量的积累，然后才可以从“量变”到“质变”。这需要先人具有多大的耐力和勇气！

用天下至柔之水，治天下至坚之玉，本身已是一件看似矛盾的事情，但是“天下之至柔，驰骋天下之至坚”（老子《道德经》）的道理告诉我们，时间、智慧和勇气将一切都化为可能，谁也无法否认“水滴石穿”中所蕴含的精神能量的作用。玉人们在年复一年的“琢磨”动作里，发现自己变得沉静、淡然。在玉的身上看到了自己的影子。现代汉语中，“琢磨”已喻指反复修炼、砥砺、磨炼和用心推敲思考、刻意探究之义。可见，对于一辈子做玉的老人来说，传统制玉中的“琢磨”已不仅仅代表一个简单动作，更多的是其喻指砥砺、磨炼、战胜戾气、征服浮躁的与玉料和时间博弈的过程。人和玉之间，以“解玉砂”作为媒介，人在琢玉，玉也在磨砺人。这是一种互为主体、互为琢磨的关系。

---

① 邓淑蘋，沈建东．中国史前玉雕工艺解析//杨伯达．中国玉文化玉学论丛．北京：紫禁城出版社，2006：1023．

清高宗乾隆曾经美誉苏州专诸巷的玉工“相质制器施琢剖，专诸巷益出妙手”。但后来却又说：“苏州专诸巷多玉工，然不如和阗美玉痕都斯坦玉工所制者，彼盖水磨所造，花叶分明，抚之却无痕迹。”[①]这显示出高宗非常在意玉器的质感，他所谓的“工细”，指的是成器的同时仍保有玉质应有的温润与光滑。对于后来苏、扬地区呈进玉器的不满也主要是认为当时的玉工为求快速出货，工序不免遭致一些减省，以致“工弗细”，自然也就造成光润度较低，显得粗糙不精，无法符合高宗“工细”的标准。[②]

可见对于“琢磨”称呼的固守，京都玉作还有一种传承宫廷玉作“工细”的标准。

现代玉雕工艺用到的磨玉机具有高倍的转数，最高可达到每分钟四万转。镀钻石粉工具[③]是把磨料镀在铁工具上，直接对玉料进行主动性地刮磨。玉行老人说以前用解玉砂叫做“磨玉”，现在叫“刮玉”。生产速度变快了，效率也成倍提高。不同的是，在传统治玉中，解玉砂和水是人、玉之间的中间介质。玉与工具之间夹了一层磨料，琢磨的时候，工具与玉双方互为主导，都有损耗。由于水、砂的不确定性，会产生跟琢玉者习惯相适配的琢磨肌理。所以，即使是一个人，也无法做出完全相同的作品。解玉砂磨出的线条柔和、圆润，而用钻石粉工具刮出的线条

---

① 《〈咏和阗白玉碗〉诗注》诗文集·诗五集，87卷，11页.

② 张丽端. 从“玉厄”论清乾隆中晚期盛行的玉器类型与帝王品味. 故宫学术季刊，2000，18（2）.

③ 轮磨机，指运用高速旋转的轮状磨具进行磨削加工，将玉石粗坯加工成型。轮摩的磨具有用陶瓷结合剂制作出来的砂轮和用金属结合剂制作的金刚石工具，俗称钻石粉工具。

摸起来生硬，看上去见棱见角，给人一种“愣”的感觉。

没有了解玉砂作为中间介质，工具在这个过程中就是一个主导的角色，转动过程中的方向性也已确定，人必须随着工具的导向进行操作。失去了中间介质，就失去了随机和偶然性，从而失去每个作品细节上的不可预见的特色。这也是为什么现代玉雕中，快手多了，妙手少了的原因。还有一个重要的原因就是，“雕”替代了“琢”，解玉砂固定了，人和玉也分开了，玉变成了一个纯粹的“受者”，失去了反施于人的作用力。

进入21世纪，制玉工具甚至出现了电脑操控的超声波玉雕刻机，主要运用超声波加工的原理，利用做好的雕刻模具来对玉石进行成型加工，如同配钥匙一样，能够快速批量生产。其设备说明上说：“效率高，手工需雕刻一天的工件，只需十几分钟即可完成。比人工雕刻快十几倍。操作简单，一般人学三天就可以学会使用，一人可操作八台以上机器。”[①] 这样的机器设备，连人的个体参与都取消了，工具完全成了主导因素，玉料和其他材料没有任何区别，也难怪做出的玉器都是“千佛一面”。

这样看来“雕”与“琢”之争，并不是浅表的制玉动作之争，还是指向一个价值观问题。琢磨既关乎一种极致工细的标准，也关乎传统手工艺中人、工具、物三者的关系。人不再以工细为追求，不再琢磨玉的同时也在琢磨自己，玉就不再是“活儿”而是料或货了。

---

① 详见第二代超声波磨玉机功能介绍。

5.1.10 修整传神

经过各道工艺程序的精雕细琢以后，修整传神是琢制过程的最后一个环节。主要解决两个任务：一是处理细雕过程中遗留下来的不足。如人物的面部表情修整称为“亮脸”，顾名思义是使人物眼神流转、顾盼生辉。对于花卉的花蕊、叶筋，动物的眼睛、嘴角等细微地方，都要仔细再修整一遍，通过精细修整，可以调整这些不足，并使之生动传神，精细修整应起到画龙点睛的作用。二是一些容易磕碰损坏的细微部分也要在这个阶段完成。如人物的指尖、鸟的嘴尖等。花卉、器物的雕镂花活都要在这一程序内完成。可见精细修整的实质是对玉雕件的审查和完善，对其外观和视觉效果做最后的定稿。

在京都玉作中，技术高超的磨玉先生往往在这一过程中才亲自上手，添上神来之笔。北京玉行中人对于民国时期的“四怪一魔”四位琢玉大师的传说，几乎都离不开关于“亮脸”和“传神”的逸事。因为，眼神、嘴角等细微的地方砣具非常不好操作，同时也绝不可来回修改。因此，“开眼”的角度，阴影的陪衬，嘴角的弧度，一点点细微的差别都可能差之毫厘、谬以千里。大师们技艺的“心运其灵，手熟其巧”在这个时候就显现了出来。玉人技艺中因经验积累而产生的出神入化、游刃有余在此也表现出非常强烈的神奇与神秘。

图 5-18 生动传神的小猪

5.1.11 抛光与过蜡

无论如何精雕细琢的玉件，表面都有深浅、长短不一的细微糙痕。只有通过抛光，才能使玉件呈现出温润光洁的外表，散发出玲珑剔透的美丽质感。抛光工艺过程首先是去粗磨细，用抛光工具除去玉件表面的糙面，把表面打磨得很细；其次是罩亮，用抛光粉将玉雕件表面磨亮；再次是清洗，用清水把玉雕件上的污垢清洗干净。

京都玉作中，抛光以后的程序都称为干凳手艺。前文已述金受申谈玉行中记载通县刘宝山，发明的“亮活揉法”可称一绝。把许多玉器放在一个口袋中，在钱板上揉，又快又多，而且光亮异常。仿效他的人，不是揉不出亮光来，就是劲大揉碎了，可见小技艺也要有相当的方法。京都玉作不管哪个程序，都特别讲究“绝活”的技艺。

抛光之后玉件要进行过蜡处理。这种处理使玉器表面更加滑润，还可以抚平细小的微裂。对于多孔隙的玉石材料如绿松石等，还可以起到免受污染、增加结构稳定性及改善颜色的作用。传统玉作中过蜡所使用的都是蜂蜡，蜂蜡是养蜂的副产品。过蜡主要采用蒸蜡和煮蜡两种方式。其适用于体型稍小的玉雕作品。

蒸蜡是将玉件放到蒸笼上蒸热，然后将预先削成粉末状的蜂蜡粉洒在玉器上面，蜂蜡熔化使玉器表面布满蜡汁，冷却后用竹签或木片刮掉多余的蜂蜡，然后用棉布或麻布擦去玉器表面的浮蜡。这种方法多用于没有内膛的玉器表面。煮蜡是指在一容器中将蜂蜡熔融，并保持一定的温度，将雕好的玉件放入一筛状平底的器物中，连器物一起浸入处于熔融状态的蜡液中，待蜡汁充分浸润后，将玉器提出迅速去掉多余的蜡汁，然后用麻布或棉布擦去附着在表面上的蜡。这种上蜡方法可使蜡质深入裂隙或孔隙当中，效果比较好。

图 5-19　蝉

至此，经过相玉、设形、画活、治形、精修、抛光上亮、过蜡等工艺，玉料完成了转变为成品的全部过程。这个时候的玉件才能称为真正意义上的玉器，玉料成了真正完成的“活儿”。京都玉作中称此为“得活”。

5.1.12　装演配座

这个过程是为玉器配座、配匣。主要作用是衬托玉器主体之美、烘衬主题、美饰装点、平衡重心、协调色彩、补缺藏拙等。在中国传统艺术创作中，特别注重作品最后的美饰工作。中国画中就有“三分画，七分裱”的说法。好的质料、造型的配座可以和作品互相辉映，相得益彰。宫廷御作中非常重视配座的形式，皇帝经常会为玉件配何种座而专门传一道旨意，如：

“玉作：

二十六日内务府总管海望持出白玉葫芦式花插一作。

上谕心情甚好，但压腰粗些，做细些，配作珊瑚带两条。钦此”

又如：

乾隆元年（1736）：

“十一月十七日，将白玉石子一块，查得如意陈设一，纸样一张，碧玉石子一块，画得双友瓶纸样一张，司库刘山久太监毛团呈进。奉旨：准做，钦此。

于乾隆二年五月十一日传旨：将现做的玉太平如意、碧玉双友瓶呈览，钦此。本日首领萨木哈将未做完的二件呈览。

奉旨：添做万年太平如意字样，钦此。于三年五月十六日呈览。奉旨：将白玉如意上流云做透的、其万字上飘带着磨去；再，碧玉双管瓶上绺做净，钦此。

于三年八月初九日做得白玉如意，随茜色牙座呈进。于三年十一月十二日做得碧玉双管瓶，配木座呈进，讫。[①]

诸如此类的旨意不但表明了皇帝对于成做器物监作与评价，而且也参与装演与配饰的决定。本书第二章中叙述铁宝亭收藏的慈禧太后玉镯也是配了同样昂贵的配盒。

经过最后步骤的装演配饰，玉器成做。

上文简述了琢玉工艺的大致流程，寥寥数语背后却是玉人经年累月的琢磨过程。乾隆皇帝在《玉瓮联句有序》中讲到："此瓮，初付工琢，按常时宝砂、璞石摩制法，计之，须二十年乃得蒇事。玉人有请用秦中所产钢片，雕镂者试之，殊利捷。自癸未（乾隆二十八年）讫己丑年（乾隆三十四年）正月，阅六年而成。程工省十之七。"这个记述虽然是说玉人用了特别锋利快捷的材料，使原本要二十年才能完成的玉瓮缩减为六年完成，工时

① 张丽端．从"玉厄"论清乾隆中晚期盛行的玉器类型与帝王品味．故宫学术季刊，2000，18（2）．

省了三分之二。因此而得到乾隆皇帝的赞赏。但是，我们可从中读到这样的信息——即使缩短工时，也要六年的时间来琢制一件器物，这需要玉人倾注多大的耐心和精力。

北京玉器厂制作“四大国宝”时期，光是集思广益，搜集创意的相玉时间，就长达几年。琢制过程中不断进行阶段性的自评、互评，这种视玉的起点和追求的技艺之精，其价值指向绝对不同于以商业运作为主的玉作模式。如果没有精神依托，可以想象，这是一件枯燥得令人无法想象的事情。

> “一个艺人，要把活儿当做自个儿的命，自个儿的心，把命和心都放在活儿上，这活儿做出来才是活的。人寿有限，‘无常’到来，万事皆空；可你留下的活儿，它还活在人间。历朝历代的能工巧匠，没有一个能活到今天，可他们琢出的玉器呢，不都一个个还活着吗?”
>
> ——《穆斯林的葬礼》第三章　玉殇

这段描述摘自霍达著矛盾文学奖小说《穆斯林的葬礼》中“玉殇”一章，小说中对徒弟说这段话的北京琢玉人，在呕心沥血完成自己毕生最心仪的作品时，人、玉俱碎，倒在了工作一生的水凳旁，悲壮得令人唏嘘。文学创作，自有它源于生活、高于生活的虚构性。但是，文中所描绘的人与玉互为主体的关系，却是在对于京都玉作的调查访谈中，玉人们所持有的共识。

玉行中人都说:“磨好玉，做好人。”“磨出来的是自己的人品。”这种把人、物视为精神同体的价值观，把设计、生产对象都视为一种品格主体的物质观，具有鲜明的东方意识形态特征。先哲诸子对于道技的论辩早就认为将技术放在道德的驾驭之下才能触及天道，如“能有所艺者，技也。技兼于事，事兼于义，义兼于德，德兼于道，道兼于天”[①]；而在京都玉作玉人的实践层面，并没有刻意为之的高深理论，对于这种价值观的反映形式，就是朴素而纯粹的人、玉“合一”。在此认识基础上，凡此施于物的动作都带有反施于人的镜像，看似轻描淡写的行为意识，恰恰烙印了深邃隽永的哲思。

也正因于此，在与北京琢玉老人的深度访谈中，我发现，他们不约而同都有对玉作过程涉及的各方面的固守。比如上述对于行业语言的固守，对于工具设备的固守，对于审美情趣的固守，对于规矩范式的固守。这种固守并不是顽固而保守的因循守旧，也不只是一种遗范，而是一种固有的价值观的重心所在。京都玉作的价值起点就在于对于料之珍贵与工之细致的一种深入骨髓和灵魂的敬畏之心。

《淮南子·泰族训》载：“万物有以相连，精祲有以相荡也。故神明之事，不可以智巧为也，不可以筋力致也。天地所包，阴阳所呕，雨露所濡，化生万物，瑶碧玉珠，翡翠玳瑁，文彩明朗，润泽若濡，摩而不玩，外而不渝，奚仲不能旅，鲁般不能造，此谓之大巧。”

古人认为天地所化生，阴阳精气所聚而成的自然物，即使是像奚仲具有智慧人的力量所无法达到的。因此，“瑶碧玉珠、翡翠玳瑁”类的玉石本身就是集天地之精华所化成的大巧之物，是无法亵玩的天成之物。

天地之精、神性的赋予、皇家的制度、稀少并且难以获得等

---

① 《庄子·天地》。

几方面的因素使古人愈发敬玉、惜玉。这种由敬到“惜”的复杂情感体现在创作方法上，就是时时处处的对于玉材的审慎与对自身行为的审度。

对于玉人来说，人、玉是合一的精神同体。玉人是通过既琢既磨的动作，将人的精神品格与道德的话语融入创作与雕琢的方法中去。

5.2　京都玉作的创作方法论

5.2.1　俏色巧作

京都玉作最为看重的创作方法：俏色巧作。

俏色，又称“巧作”、“俏作”，意指利用玉材天然纹理或沁色，随色依纹，巧施雕工，使景物有如天然生成。其工艺一般分两种：一种是用“色”俏，即利用皮子的颜色雕琢构图的主体形象或局部；二是不加雕琢或略施小琢，尽量利用天然纹理，自然成像，显现出一种自然造化的天趣。适合俏色玉的玉材有多色玉料、带皮玉料和带皮色的弃料等。俏色玉材不宜用纯色玉，而要用杂色玉，但必须杂而不乱，有规律可循。

俏色工艺的起源已无从追溯源头，目前出土的玉器中最早有俏色意识的作品为1975年在安阳小屯村殷墟遗址妇好墓出土的玉鳖[①]。玉鳖充分利用独山玉的天然色泽和纹理，保留玉料上固有的墨绿色石皮，使玉鳖的背甲、双目和足尖为黑色，头、颈、

① 资料来自安阳殷墟博物苑（http：//www. ayyx. com/）.

腹部以灰白色相衬，形象生动逼真，是我国历史上最早的俏色玉雕。

宋元以后，出土和传世的俏色玉就多起来了，到清代达到顶峰。清代为我们留下很多俏色作品。京城作坊中多有俏色玉作和俏色玛瑙作品受到推崇。

除了对于玉料的要求，俏色的另一关键是构图设计，有经验的玉匠得先审查玉材的纹理质感，进行构思，然后精细施工，可以说是匠心与技巧的结晶。它要求玉人利用玉石的天然色泽纹理，施以适合玉材的雕琢工艺。俏色是把玉材的天趣结合工艺与创作综合表达的一种表现形式，是相玉设计中难度最高的绝活。

京都玉作中的俏色讲究一绝、二巧、三不花，可以注重写实，更可以写意。

图 5-20　俏色功名图

“绝”要构思精绝，“巧”妙用俏色，“不花”就是要对缭乱的颜色做或藏或聚的取舍，使颜色不至于过杂乱而产生没有颜色主体的“无色”感。这三项设计者把相料、取材、构思和创作四个相区别又相联系的过程构成一个整体，互为表里，互相渗透，唯有这样才能使创作一气贯穿。可以说，俏色是中国古代治玉工艺中智慧之思、技艺之法、成器之道的集大成者。

俏色玉在京都玉作中如此流行，主要应该是宫廷的趣味使然。乾隆工的要旨首先就在于“良材不雕”符合俏色意识。其次，我认为还要归于这种趣味的思想根源。在创作思维上，俏色思想已然超越“人的趣味”的界限，进入更为接近造物本质的道家视界。

庄子说：“故纯朴不残，熟为牺尊！白玉不毁，熟为珪璋！道德不废，安取仁义！性情不离，安用礼乐！五色不乱，熟为文采！五声不乱，熟应六律！夫残朴以为器，工匠之罪也；毁道德以为仁义，圣人之罪也。”① “朴”的字面意思是未经雕琢的天然事物。庄子认为器物都是通过改变自然物的本质属性来实现的，器之所成乃朴之所毁，这是违背天道的行为。我们暂不论述道家否定成器活动的对错，从京都玉作对玉料创作思想的认识起点，我们看到了道家的思想根源。而内廷恭造式样一般都为深谙中国哲学思想源头的皇帝或士大夫所造，因此他们对于成器思维的认可也可能促成这种风尚的流行。

如果是一块完美无瑕的白玉，工匠人为地雕琢是对“天物”的毁坏，是对天道的违背。所以京都玉作中有“单色尽美”、“无绺不做花”的创作思想。意为如果没有瑕疵，对于玉料一般不进行花饰和雕琢，而对于有瑕疵，有皮色、有残缺的玉料，俏色，就是最完美的对于“天物”原貌的保留。

图 5-21 “台北故宫博物院”翠玉白菜

本章开头所述清代《桐荫仕女图》玉山就是一个典型的例子。

京都玉作推崇俏色巧作的传统一直延续到近代，在琢玉大师们手中出品了各种俏色玉、俏色玛瑙作品，如潘秉衡的《待月西

① 《庄子·马蹄》.

厢》，王树森的《五鹅》，王仲元的《虾盘》等作品。俏色巧作的构思与完成能力逐渐成为衡量玉匠是否匠心独运的标准。

回头来看，无论是否宫廷趣味使然，京都玉作沿袭下来的这种取其自然之形和自然之色传以生动之神的创作思维与方法，正符合道家思想中“朴散为器”、“师法自然”的思想。相较于清代工艺某些过度装饰、繁缛成风的审美趣味，道家这种对于成器行为中的技术批判思想被牢牢地植根于玉器制作的认识起点，并成为衡量巧思与技艺的一个标准。

所以，我们看到京都玉作中，对于俏色巧作的推崇。对于玉这种集天地之灵气的“天物”，即使是王，也对此有着深深的敬畏。我们是否可以这样判断，玉所承载的神圣性已然超越了技艺、人性与王权，更接近于人类对天地造物初始那种本质的敬畏感。我们是否可以再大胆推测一下，那依稀可见的玉行邱祖，真的如传说中一样掌管造办机构，并教授燕民技艺。那么他给燕民的玉作之始，给内廷的宫造式样也烙印了一个“道法自然”的思想源头。

图 5-22 “台北故宫博物院”肉形石

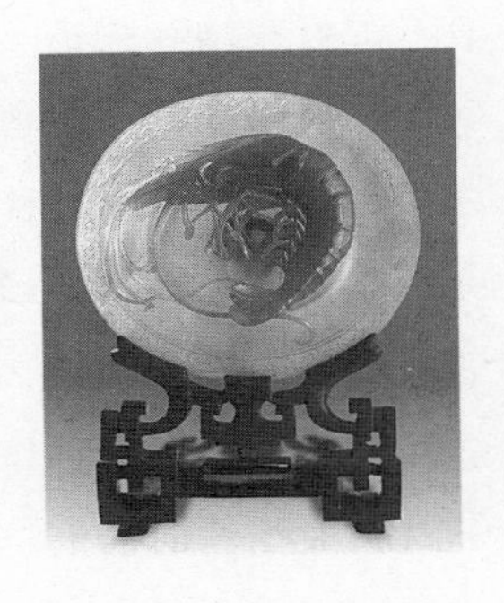

图 5-23 王仲元《虾盘》

5.2.2 “涨”与“显”

京都玉作特别讲究在创作中，如何将一件较小玉料做成视觉上较大的玉器，同时最大限度地利用玉料。古代发明了不少有别于其他工艺的雕琢技巧。在设计理念上强调巧妙构思，引发人们在视觉上、情感上的想象空间。在设计技术上，玉人们总结出一些规律性的经验。

1）宁立勿卧

设计时，尽量沿玉料垂直方向构思题材。立则显大，卧则显小。

此设计理念跟缪勒—莱亚错觉[①]的视觉原理有同样的道理。相同长度的垂直线和水平线相交时，前者显长一些，垂直线越位于水平线中间时，这种感觉就越深。视觉错觉的原理可以使我们对同样体积的玉件产生大小不同的视觉感受。

2）“集活”法

设计时充分利用玉料外轮廓的高点，“顶天立地，横扫边沿”，设法最大限度利用玉料的外轮廓。同时，从高点以下要“积零为整”，做出层次，层层推进，每一层都有雕琢的精彩亮点，这些局部刻画还要与主体形象呼应，做到以活挤活，活上有活。这样就会使视觉产生递进的空间感，使其产生一种图面要比玉料实际大得多的感觉。

---

① 两条等长直线，一条由于在末端加上了向外的箭头，就比在末端加上了向内箭头的线显得长一些。

3)“意境”法

“意境”是指利用中国传统美学中用虚实相生的方法创造出来的一种情景交融、虚实相生、活跃着生命律动的、韵味无穷的诗意空间。它能够把人引入艺术想象空间，使人从有限的画面中体会到无穷意味的艺术境界。意境由两部分组成：一部分是“如在目前”的较实的因素，称为“实境”；一部分是“见于言外”的较虚的部分，称为“虚境”。通过这样的方法，可以使人进入想象的空间，从而延伸玉件所刻画的实境，使玉料有“涨”的心理与视觉感受。上述清代《桐荫仕女图》玉山就取了意境之法，引人进入无限遐想的空间。

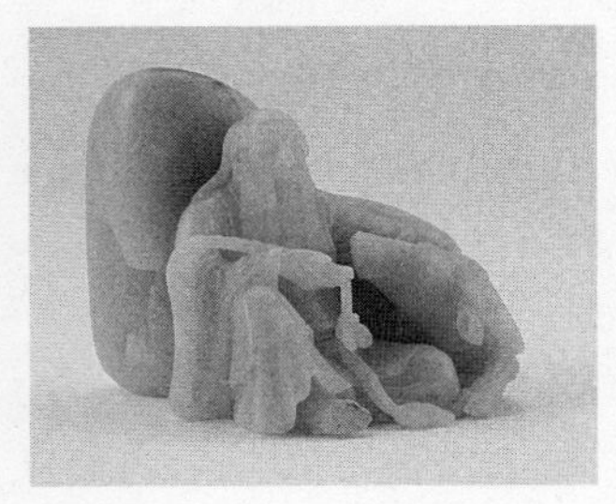

图 5-24　老子出关 0921

4)“活链”法

此法针对瓶素类玉器，要求在突出主体部位的前提下，配以附件，增加作品的立体空间。最典型的方法是利用活链，在一块整玉上，琢出数环相扣、伸缩自如的链条，通过玉链把作品拉长，达到玉器实体做大的效果。

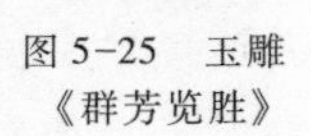

图 5-25　玉雕《群芳览胜》

5)“套活”法

在一块玉料中套出若干块料，组合成各类薰、炉、塔等，如果再用玉链条相连，则更加显得“得活”多。中国工艺美术馆珍藏的四件翡翠国宝之一，由北京玉器厂王树森带领“86”工程琢制的《含香聚瑞》花熏，即采用了套料工艺，将一块高 66

厘米、宽 48 厘米、厚 36 厘米的绝好美翠，做成了高 78 厘米、宽 65 厘米、厚 39．5 厘米的花薰。

图 5-26　玉雕花熏《含香聚瑞》

“显”与“涨”相同的目的是尽量利用玉材，使成做玉器比原来玉材显得更大。不同的是“显”还要利用颜色对比、纹饰雕琢等手法突出玉材最美的部分。所有的雕琢都是用来烘托和凸显玉材的美质。比如，翡翠中的绿色就是该“显”的地方，如果设计得好，薄厚适中，和旁边翠材颜色对比烘托，是可以使原本并不通透莹润的绿色“显”得更加莹润可喜。如果通过纹饰雕琢等手段，也可以是玉材变得通透、饱满。“显”要求玉人要深谙美学原则与艺术章法，主次分明，不喧宾夺主，层次清晰且疏密得当。

图 5-27　母与子

5.2.3　“量料取材”与“因材施艺”

玉行中有“玉料重一分，价值贵十倍”的说法，还有俗语“长铁匠，短木匠，凑凑合合是玉匠”。说的都是由于玉料的珍稀，“凑”与“合”的方法适用于玉料的设计。所谓“凑合”，其实就是“量料取材”与“因材施艺”。玉材大小不同，形态各异，设计者需要按照玉料的形状、质色去构思设计，才能充分发挥其形状的优势，适应其质色的特点，从而减少玉料的浪费。所以，量料取材是以玉料原生态作为创作设计的先决条件，核心是

"取势造型"和"随形变化"。依玉料自然形状进行造型和布局，巧妙地利用玉料形状进行设计，取玉石之"势"造想象之"形"，随玉料形状作构图变化。尤其是一些不合常理的怪石玉料，往往蕴藏着绝妙的创作可能，更会引起思维上的联想，诱发创作的灵感。量料取材要尽可能在原料体积的外轮廓及其高点范围内进行创作设计，不要轻易伤料去料，尤其对白玉、翡翠等贵重原料，在设计时要尽可能少减其分量，最大限度地利用玉料。因材施艺是指每块玉材都要由相应的琢制手法和技艺来匹配。一块玉材中，最美的部分要通过不同的琢制手法凸显出来，高手会通过合适的雕琢之技把原本一般的材料烘托出更加高级的质感。

5.2.4　"弯脏去绺"与"无绺不做花"

脏和绺是指玉料上的杂质和裂痕，玉行人经常说雕琢以前的玉材要先"秃噜"[①]一下，就是指雕琢之前把玉料上含有的瑕疵尽可能挖掉，目的是为了使成做玉器光洁细腻，叫做"挖脏去绺"。但是如果可以变脏、绺为花，变瑕为瑜，那么"绺"和"脏"是可以通过藏、躲、借的方法利用起来，而不是任意"去掉"，这就是"弯脏去绺"。在设计中，将瑕疵掩盖，或把它藏在不显眼的地方，或是巧借瑕疵都是遮瑕掩瑜的好方法。"弯脏去绺"与"无绺不做花"的辩证思想是玉人们在创作实践中积累丰富经验基础上形成

图5-28　变"浆"为美

---

① 玉行行话，指琢制之前把玉料上不能用的脏绺裂等地方给处理一下。

的一种物尽其用的创作思维与方法。这种创作方法使很多看似无可救药的玉材变次为宝，成为绝品。

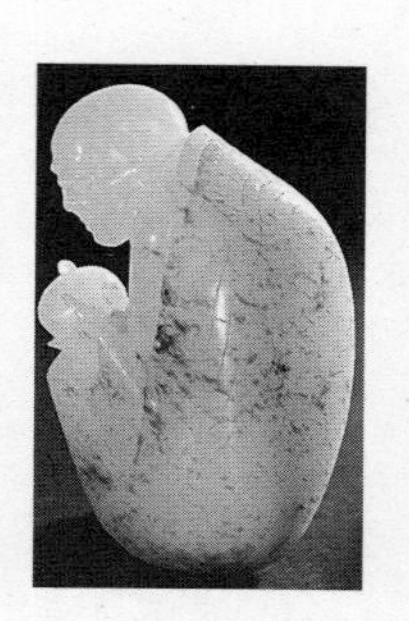

图 5-29　放下（变“脏”为美）

5.2.5　“成竹在胸”与“胸中无竹”

前文叙述在玉人动手雕琢玉料之前要经过审慎的相玉过程，然后设形、画样、设计工艺。在未动手之前，已有“像”藏于脑海中。从二维图样推落至三维立体，所设之“形”已在玉人心中有数，我们说这是“成竹在胸”。但是真正在制作过程中，又要随时保持“胸中无竹”的状态，因为玉料质地的不确定性，随着玉料的推进，随时都会有新的问题出现，比如出现隐含的脏绺、杂色等等，另外还有可能有意外的划伤和磕碰。这个时候就要抹去原来心中之像，重新调动自己的创造力与经验，如“推手”一般把出现的“短”化解为“长”，从这个意义上说，在制玉过程中既要有“成竹在胸”的确定性，还要有“胸中无竹”的不确定性。

王树森就有一件这样的逸事：一次，王大师用一块黄色玛瑙制长臂罗汉，可磨到鼻子两侧的沟时露出了玉料里面的粉红色，磨制工作无法继续。王大师用了半天时间琢磨，然后继续在这块料上磨制。等成品出来时，只见长臂罗汉拉开了黄色的“老脸”，露出一张粉色年轻的观音的脸，并取名“重新作人”①，足见他巧思的精妙。

玉行里也传说潘秉衡“琢牛布毛”的故事。1931 年一家玉

① 李博生口述。

器铺找到玉作坊用碧玉琢磨成“碧玉牛”。快“得活”的时候不慎将牛的后腿由大胯处折掉。作坊的掌柜无计可施，只好找潘秉衡帮忙。半个月后，玉器作坊掌柜如期来取“碧玉牛”。发现牛不但腿长上了，还浑身布满牛毛，修补得天衣无缝，琢雕得栩栩如生。当作坊掌柜向玉器铺交活时，玉器铺掌柜多给了他加工钱二十块现大洋，还将这件“碧玉牛”充当乾隆作珍品出售，售价高出十倍。之后行里则有潘秉衡“琢牛布毛，升值十倍”之说。[①]

5.2.6　“优料精用”与“次料优用”

对于如羊脂白玉一类高档次的玉料，如何精做精用是要审慎考量的。传统玉作中，了作的会根据玉料的档次来选择坊中最优秀的玉人承做。琢制之前要反复琢磨，反复构思，而且要尽量少动砣具，因为一动就会损伤玉料，所以尽量少的动作展示尽量多的意匠就是对于精料的创作原则。而对于一般的玉材，则尽可能地选择最匹配的工艺方法，比如色泽发灰的玉料可以制作薄胎器皿，就能降低灰度、增加白度，改善视觉效果。对于废料、损料也应有“变废为宝”的意识。

高明的玉人都说“玉无废料”，工艺美术大师张志平在回忆从师潘秉衡的时候讲到一则趣事，他说自己用一块上好的玛瑙雕刻一只昂首示威的狮子，到了推落七八层的时候，狮头突然不小心掉了。张志平慌了，赶紧战战兢兢去找师傅，没想到，潘秉衡不仅没有半句责怪，还连连说，“掉得好”！他说，“在低的地方

---

① 陈重远．老珠宝店．北京：北京出版社，2005：243．

再做一个头，一只耳朵贴着地面”。并起了个好听的名字《地听》，这让张志平佩服得五体投地。还有一次有个同学做美人雕，手臂掉了，潘秉衡说，“没关系，把手背后不就成了”！好的玉人，不止要“工巧”更要有“思巧”。

5.2.7 “绷”与“势”

京都玉作推崇一种凭借直觉的审美感觉。虽然本书论述京都玉作的落脚点不在于玉器审美与鉴赏方面，但是这种将审美感受与可视化的线、面和技艺操作建立直接联系的创作方法，使我们对手工艺技艺与精神的连接方式有了一种直观的认识。

李博生回忆，师傅们经常会说：“你把这个面给我绷起来。”意思就是说琢制的平面要有微微的起鼓，这样平面才会有一种张力，从视觉感受上就不会显得干瘪。做器皿的素活儿特别讲究轮廓的张力，比如美女耸肩瓶，耸就是要这个“绷起来”的味道。

做圆雕人物、花卉、山子的时候，就讲究一种“势”，其实就是将动未动的一种动势，虽是“静”却蕴含着一种“动”的能量在里面。前述做女性人物的时候要别着脚，眼神所指的方向，腿脚就要向相反方向运动，也是为了突出这个“势”，同时也塑造出空间感和张力。花卉中的互相缠绕，穿枝过梗；山子中的云烟穿聚升腾；人物中的衣裙飘扬带风，都是为了突出“势”的感觉。作品外在的比例、线条、色彩、质感等给人带来的美感，其深层的意义其实是包含一种生命的智慧，生生不息的生命感受将给观者带来一种内在的感动。

《文心雕龙·定势》载：“势者，乘利而为制也”即根据事物本身提供的便利而形成艺术创造中的形象之势。玉材中有很多都是奇形怪状的异性材料，如珊瑚等更是枝杈繁多，能够利用这些材料的天成之形，乘利而制，在创作方法和文化含义上已远超一般意义上的“工巧”，创作者随机的印记、经验、感悟打通与作者生活、伦理背景相一致的经验与创意，因而更具有创造价值的意味。“势”不仅仅是一种审美感受，更多的调动智慧与技艺之间的灵感火花，造出“动”的虚空间，让“活儿”活起来，给“天成”之材赋予一个最相宜灵动的灵魂。

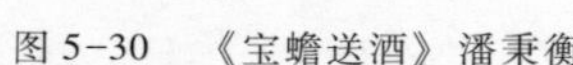

图 5-30　《宝蟾送酒》潘秉衡

图 5-31　珊瑚《鼓上舞》李博生

本节主要讨论了京都玉作中常有涉及的创作方法与原则。应当说，解玉之法不分地域，同样的巧法在其他地域的玉作中也有表现。但是京都玉作的历代名匠将创作方法与理想化的追求推至极致的做法，却并非处处可见。因此，如俏色、“弯脏”、“去绺”这样的常用手法在京都玉作中常常显现出一种精绝的境界，这是京都玉作所特有的一种创作境界与氛围。这种精绝会在行内得到一种无上的尊崇和认同，并积淀为一种标准与价值传统。北京老话“要手艺的钱”就是指对技艺的认同。例如，同样一把铡砣开同一块料，有人开十片，有人却能开出十二片，后者就是手艺高的人。老板得加倍赏钱，“不是说你为人家省料了，而是说你这手艺就值这个价。”①

同样，创作方法上，前述潘秉衡的“琢牛布毛”的巧妙改制方法，使玉器铺掌柜不但多给加工钱二十块现大洋，还将其作为乾隆作珍品出售，售价高出十倍。“琢牛布毛，升值十倍”被玉行人传为佳话，就是对这种巧思的认同。从这则逸事中我们还能印证前文已述的论点，即无论是创意还是工致，能够达到宫廷玉作的水平，是对民间玉作一个最高的评价。

5.3 京都玉作的价值观与方法论的联接

中国传统手工艺中非常重视保留材料的自然品质，主张“理材”。《考工记》中强调的材美工巧其实就是要求“相物而赋形，范质而施采”，在设计与造型上要尊重材料的规定性与特殊性，充分利用或显露材料的天生丽质。

这种设计思想在京都玉作中尤为突出。我们看到，设计前期，因材选工、量力而行、人玉互“相”的敬畏之心，琢玉工艺过程中从粗到细，反复推落，留出余地的审慎之态；琢玉创作方法中以小见大、因材施艺、变瑕为瑜的辩证之思，设形审美趣味中乘利而制、蓄势待发，气韵流动的情境之意，无一不是指向了对玉的“惜”。这种“惜”不仅仅是对于王权的畏惧和对宫廷趣味的附势，一定还有一种玉人自发的觉悟与追求。

本章开篇谈及《桐荫仕女图》玉山的宫廷无名玉人，看到

---

① 陈辉．专访玉器大师杨根连——金镶玉只予有缘人．竞报．

被“挖心掏肺”的和田玉废料闲置一隅，心生怜惜，于是回忆着自己家乡景色，制成了旷古巧思的绝品。是玉人与玉之间的“惺惺相惜”。乾隆皇帝赞扬制作《桐荫仕女图》玉山的吴工“匠氏运心灵。义重无弃物，嬴他泣楚廷”。认为他心运其灵，义重卞和。从一件玉器身上，我们看到了技艺与“义”所建立的联接，这是一种方法论与价值观的联接，是皇帝与玉人之间在这一结点上产生了相互认同的“惺惺相惜”。

这样的例子在乾隆皇帝对于玉匠姚宗仁的评价中，我们也可以看到。虽然乾隆说玉人是跟泥瓦匠、木匠一样的贱役，（夫圬者梓人虽贱役）但是“宗仁常以议事谘之，辄有近理之谈”，“其言有足警”。对于身怀手艺又能够言之有物、言之有理的手艺人，（对于而况执艺以陈者，古典所不废。）乾隆建议“不妨为立传”把他的事迹和话语记录下来。（ 兹故檃括其言而记之）

跟前面的佚名吴工一样，皇帝与玉人，一个贵为天子，一个身为贱役，地位差异如此悬殊，却在玉的载体上找到了共同的价值轴心。

同样的情形，我们在文人士大夫比玉、斗玉的行为中也可以看到。玉的色、质、形、工等自然之“物象”与人工之“品相”与人的品德与修为联系起来，然后反过来给人以品德修养的启示。他们通过相互鉴赏、相互品评反求诸己、内省、自勉、自我观照进而引伸到人类社会、自然万物。策励人们观物鉴人，强调物我一体。其实，这也是一种价值观与方法论的统一。

“惺惺相惜”过往只会在人的情感中才会产生，可是我们看到，玉人与玉之间的惺惺相惜，文人与文人之间通过玉的映像产生对于人格的惺惺相惜，以至于皇帝与玉人通过治玉观念与方法，超越身份与礼教的羁绊，得到同一种价值认同的惺惺相惜。似乎只有玉，才有这种超越与穿透能力。

以前，我们说器物所蕴含的宫廷文化总会提到等级、身份、权势、地位等“礼”文化的色彩；提到文人文化就会提到散逸、淡雅、品味、清玄等“雅”文化的色彩；而讲到民间设计文化中则会提到质朴、自然、智慧、本真等“母”文化的色彩。似乎这三种文化是并行而且无法相兼的文化分层。但是，我们看到，京都玉作的方法论和价值观的连接，似乎是一个可以串通各文化层之间的载体。

本书认为，这三种文化的套层关系仿佛俄罗斯木偶的嵌套结构，民间文化指向最外层，文人文化居中，宫廷文化为主流和核心。各种文化层次，层层嵌套，依次包容，互相传递和渗透着精神的能量。而玉就是能够把这种精神能量在其间多重交织，内外勾连，上下穿插，建立起无限多重联系的使者。在这个意义上，治玉传统的价值观与方法，能够穿越文化的区隔、超越时空的界限、在传统与现实之间、未来与当下之间、普世与本土之间建立起纵横往来的时空隧道。

京都玉人如何为玉解题，从玉人如何看玉的价值观视角，以及如何为玉的创作方法论中可窥见一斑。在京都玉作的制玉过程中，人、玉合一，“活儿”是有生命的主体，技术和方法被道德和人格所统摄，物和人成为精神同体。所以，我们才能在古人留存的玉器中看到那种高贵的精神。

治玉大师李博生曾经借用唐伯虎晚年的一段偈语诠释他对玉的理解：

我问你是谁，

你原来是我。

我本不认你，

你却认得我。

我离不得你，

你却离得我。

你我百年后，

有你没了我。

这段禅意十足的诠释告诉我们，在京都玉作中，玉所坚守的主体性，不只是天地之精，不只是皇权之威，还有在漫长岁月的打磨中，散发出的幽微而温润的人类精神光辉。

6　京都玉作的文化要义

> “玉作为我们民族来讲，被视为大地的舍利，佛教的一座庙得到一个佛指舍利，庙就有了核了，这个庙就站住了，就开始受香火了，因为它有那个舍利，玉，应该视同为大地的舍利，那是石头里面的精品，那是大地的骨架。”
>
> ——李博生

前文述及京都玉作的文化背景与起点，玉行、玉作、玉人所恪守的规矩和范式。上至乾隆皇帝对于吴工“义重泣楚廷”的价值标准；下至玉器厂内老工人失慎损玉后的玉、人俱焚；还有下工后，师徒几人自动排成一排护佑师傅执贵重玉料的谨慎；以及“弯脏遮绺”、“变瑕为瑜”的创作方法；等等。这些点滴记述似乎不仅仅指向的是玉人因为玉材的珍稀而产生的珍惜之情。更多的是对于玉所承载的一种精神能量的信仰与敬畏。

东西方文明中，对于生命的敬畏一直是人类初始所达成的共识。玉人对于玉的视如生命，甚至为了玉能够舍生取义的行为无一不指向比“珍惜”更具超越性的精神信仰领域。

在京都玉作中人对于玉的精神信仰和他们的行为范式中，我们可以感到，在敬畏天地、王权与人类造物行为之间存在的一种张力。这种张力从源头上是一种对于“天理”、“自然”的畏惧，而在流变中又化为对于传统、礼制的敬重，然后内化成自身的修为，并演变成一种合“式”的规范。这种张力正像一根隐于范式之后的中轴，牵引着传统玉作甚至中国传统工艺中的一种精神归宿，并构筑了一个关联着创造价值及其方法的内部结构。

在物质文明高度发达的今天，这种张力正在弱化、变异，造物行为起源的神圣性、警示性和规范性正在缺失，于是就有了技术文明之后，人们虽然享受了大量的物质数据，却依然觉得心灵无处栖息。正如阿诺德·盖伦在《技术时代的人类心灵》中所要表述的理论立场。“他认为，以往几千年的传统社会是一种稳态的社会结构，具有各种各样的稳定制度，但技术的日新月异使人类告别了那种宁静的常规社会，打破了那种稳定的制度，步入一个节奏快、变化大的现代社会，而人类的精神、思想伦理等都将在这种未定型的社会中被迫迎接这一巨大挑战。人类在挑战这一巨变的过程中产生了各种矛盾、冲突，因此也产生了各种心灵危机。现代文明的内在矛盾及其所造成的人类心理失调，并不是人类文明这一方面或那一方面的危机，而是整个人类文明坐标系的危机。”①

本书无法为如此宏大的难题求解，但是，通过京都玉作的文化解析，我们或许可以找得出某种视角，为传统的文化精神如何真正回归于现代生活及现代设计中寻求一种思考的指向。

---

① ［德］阿诺德·盖伦. 技术时代的人类心灵. 何兆武，何冰，译. 上海科技教育出版社，2003.

6.1 “互渗”的原始思维

几千年以来，在一切原始文化起源的地方，人们都相信“超自然的技术”——即我们今天所说的巫术。从史前时期起，巫术就在人对世界以及对他自身的概念之中占据着中心地位。人类远古宗教的基础就是“人们面对包围着人、但又不可见的力量时所产生的恐惧。”① 在西方，希腊神话中，普罗米修斯看到，在地球上比之所有动物，人最没有力量，于是便教给人类各种技艺。在东方，人们则认为“天生烝民，有物有则。”② 所谓上天创造了民众，天地间凡事物皆有其法则、规律。

从不同民族和文明的巫术实践中，我们往往可以发现有惊人的相似之处，也许这并非偶然，是否先民所信奉的这些“超自然的技术”中就包含着某种在人类学看来乃是根本性的价值所在？

东西方文明起始时期都有本质相似的思维，在于人在本能上始终是贫乏而虚弱的，需要有一种可以依赖的稳定性和能够引导自身行为的可靠路标，如果社会无法给他造就这种稳定性，那么他就必然要在自己的意识之内去寻找一种稳定的依靠。

对于神秘力量的膜拜，就是基于对这种稳定性的寻找和依靠。有生万物莫不乐生畏死，人们在面对大自然的万事万物时，

---

① ［俄］弗拉基米尔·雅可夫列维奇·普罗普．神奇故事的历史根源．贾放，译．北京：中华书局，2006：39．

② 出自《诗经·大雅·烝民》。

便用自己的演绎来解释世界。于是就出现了“万物有灵”的观念。这一观念集中体现在原始社会早期的各种图腾崇拜、自然崇拜、神灵崇拜、生殖崇拜上。尽管崇拜的对象不同，但都认为有神秘的“灵”或“灵魂”存在。自然事物与神灵就是二位一体的关系，对玉的崇拜，在史前中国社会也归属于一种对于“灵石”的崇拜。费孝通说：“史前时期的玉器主要用作法器以沟通天地神灵。”①

同样的思维起点，可以发展出不同的思维方式。其中一种被法国人类学家列维·布留尔称为原始思维。而布留尔所谓的原始思维并非只对处于原始生活状态的土著部落而言，事实上这种思维方式对于今天各种层面的人类思维方式并非无关。在这个意义上，人类距离最为古老的精神园地其实远非想象中那样遥远。蕴含于京都玉作中的，那些从“范式”到“语义”的种种神秘气质，常常令人联想起人类原始精神中那种穿透现实与超越物质的力量。

对于原始思维的定义，布留尔做了一个界定。他认为，“原始”之意是极为相对的，并不只限于各种土著居民，或旧石器、新石器时代的人的思维。这里的原始思维更指“这种思维有原逻辑和神秘的性质。”②

布留尔认为：“许多社会事实彼此间都是紧密联系着并且相互制约着的。因此，具有自己制度和风俗的一定类型的社会，也必然具有自己的思维样式。”③ 原始人与文明人的思维分属于两

---

① 费孝通. 中国古代玉器与中华民族多元一体格局. 思想战线，2003.

② ［法］列维·布留尔. 原始思维. 丁由，译. 北京：商务印书馆，2007：2.

③ ［法］列维·布留尔. 原始思维. 丁由，译. 北京：商务印书馆，2007：20.

种不同的类型。原始思维的具体特征，就是“集体表象”[①]、“原逻辑”[②] 和“互渗律”三个概念相互交叉联系，“互渗律”在其中起着关键的作用。东方的、中国的思维类型，在布留尔看来，与典型的原始思维有着某种深层的联系。他从一个外人的立场，给我们观照自己的思维方式提供了独特的视角。

对于“互渗律”，布留尔解释说：“我们最好是按照这些关联的本来面目来考察它们，来看看它们是不是决定于那些常常被原始人的意识在存在物和客体的关系中发觉的神秘关系所依据的一般定律、共同基础。这里，有一个因素是在这些关系中永远存在的。这些关系全都以不同形式和不同程度包含着那个作为集体表像之一部分的人和物之间的‘互渗’。”[③]

对于西方人很难理解的思维逻辑，东方人却有一种先天的认知。比如《周易》即模拟了宇宙，把宇宙的基本构成抽象成奇偶两类数字，又进一步演化成两种互补的符号，把天地人的复杂

① 布留尔认为所谓集体表象，可以根据与社会集体的全部成员所共有的下列特征来加以识别：这些表象在该集体中是世代相传；他们在集体中的每个成员身上留下了深刻的烙印，同时根据不同情况。引起该集体中的每个成员对有关客体产生尊敬、恐惧、崇拜等等感情。它们的存在不取决于每个人；其所以如此，并非因为集体表象要求以某种不同于构成社会集体的各个体的集体主体为前提，而是因为他们所表现的特征不可能以研究个体本身的途径来得到理解。

② 布留尔认为把原始人的思维叫做原逻辑的思维，这与叫它神秘的思维有同等的权利。与其说他们是两种彼此不同的特征，不如说是同一个基本属性的两个方面。单从表象的内涵来看，应当把它叫做神秘的思维，如果主要从表象的关联来看，应当叫它原逻辑的思维。它不是反逻辑的，也不是非逻辑的。它是原逻辑的，只是想说它不像我们的思维那样必须避免矛盾。它首先是主要服从“互渗律”。具有这种趋向的思维并不怎么害怕矛盾，但它也不尽力去避免矛盾。它往往是以完全不关心的态度来对待矛盾。

③ ［法］列维·布留尔．原始思维．丁由，译．北京：商务印书馆，2007：69．

变化简化为六爻的变化，关于造物的方法则是“以制器者尚其象”[①] 等等诸如此类的事例。

中国的思维逻辑天生就有一种兼容性和互为性。事物之间从来没有极端的对立与冲突，阴阳观念也是“你中有我，我中有你”的状态。万事万物都有相生相克的相互作用和影响，是彼此依存，渗透互补的相对范畴。

这种互渗式的思维方式，在认识问题时，就更重视一种感知、一种领悟和一种切己的体验。因此，在中国的创作方法中，只可意会、不可言传，“心有灵犀一点通”这样的抽象感觉体验就更增添了事物的神秘性。

潘秉衡所说的“活儿像什么就做什么”，王树森所说的“活儿说，我要那个工具”等等只言片语中都体现了这样一种思维方式。人和玉是可以沟通和互相解读的。李博生在回忆《无量寿佛》创作时也说：“在这个无量寿佛的夹缝里面，有一块黑白玛瑙，想不出主题来，就按照他的颜色这么做吧，都是白颜色，想象成雪后初晴的那个山，皑皑白雪，底下有一条黑延伸到那边，就做一条小路，小路那边有一座小茅草房，茅草房上边还有个烟囱，袅袅炊烟，觉得这是有生命的，不是没人的。从小路那头有一个老者披着一身的蓑衣，牵着一匹黑毛驴，就把这黑白都用上颜色了，向那个小茅草房走。那个都快完成了还没个主题呢，我想我要说什么呢？我想表达自己什么心情呢？做做呢，两个尖中间是白的，连着的，我想既然我想表现雪后初晴，应该有一轮红日露出来，它是黑白玛瑙，哪有

① 《周易·易辞上》。

红啊？真是鬼使神差，在那个一高一低的白的尖的中间我就拿工具挖，挖挖就出现黄颜色了，尤其是工具灯一照，出现黄的了，我心里就惊了，车间周围的声音全听不见了，继续挖，一块殷红的颜色就出来了，一轮红日给我了，当时我浑身那个冷痱子，冷汗都说不清楚了，就觉得相当静，看着那块红，当时一个想法就是，谁也不理解我，领导我大半辈子的领导也不理解我，石头明白我。一块顽石在我的手中，我需要一块红，它给我了。他能够跟我沟通，他能够理解我，那个心里说不清是什么滋味了，当时两句话反映在脑子里，叹了一口气，'莫道前途无知己，世上何人不识君。'[①]"

琢玉人的叙述，如果以惯用的科学角度解读，我们可以把这种巧合看作是经过经验和认识基础上制造器物时遇到的设计意图与制作过程的一种完美契合。而玉人的思维逻辑似乎带有神秘主义的倾向，一切都是注定而不可预知的。他们更喜欢用后一种思维方式来诠释所发生的现象，于是，这样的诠释就赋予了一种神圣性的象征。

在玉人想要一轮"红日"的时刻往往玉石就突然给予了一绺"红"，这样的过程似乎充满一种神秘的互渗。在玉人看来，琢玉中那个神秘的主宰就在冥冥之中猜测着、把握着人心的意图，并在合适的时间和地点给人一种响应，在玉人心中，这种神秘是一定存在而又不可见的。实际上，如果我们假设玉料中隐藏的不是一块红色，而是一块绿色。那么玉人还是会用一种新的想象来强化这种"我想要的东西，玉石一定会给我"的思维逻辑。

---

① CCTV栏目《财富人生》，李博生口述。

在原始思维中，“一个是可见、可触、服从于一些必然的运动定律的实在体系；另一个是不可见、不可触的、‘精神的’实在体系，这后一个体系以一种神秘的氛围包围着前一个体系”①。按照布留尔的说法，这种个人意识其实是受制于更深刻的“集体表象”。

“原始人的集体表象以其本质上神秘的性质有别于我们的表象，原始人的意识已经充满了大量的集体表象，靠了这些集体表象，一切客体、存在物或者人造物总是被想象成拥有大量神秘属性的。因而，对现象的客观联系往往根本不加考虑的原始意识，却对现象之间的这些或虚或实的神秘联系表现出特别的注意。原始人的表象之间的预先形成的关联不是从经验中得来的，而且经验也无力来反对这些关联。”②

也许现代人更多地把这种思维关联归为某种缺乏个体自觉的集体心理或者精神的迷失——“迷信”，但事实上，治玉人的这种“物我合一”的精神恰恰不是一种自我的迷失，而是通过自然的映证来反证个体在把握现实的同时又超越现实的一种方式，是“迷信”抑或“自觉”，似乎应另有一种结论。

在传统社会中，这样的例子更多地被解读为一种“灵验”的魔力。费孝通在《乡土中国》礼治秩序一文中也说到这样一个例子，他和太太在抗战中，疏散到昆明乡下，出生的孩子整天啼哭不定，找不到医生，只好请教房东老太太。她一听哭声就知道是什么症状，以及是什么导致了孩子不停啼哭。于是她让费氏

---

① ［法］列维·布留尔．原始思维．丁由，译．北京：商务印书馆，2007：61.

② ［法］列维·布留尔．原始思维．丁由，译．北京：商务印书馆，2007：69.

夫妇用咸菜和蓝青布去擦孩子的口腔。一两天果然好了。这地方有这种病，每个孩子都发生，也因之每个母亲都知道怎么治，所以是有效的经验。只要环境不变，没有新的细菌侵入，这套不必讲学理的应付方法，总是有效的。既然有效也就不必问理由了。[①] 费孝通总结说："像这一类的传统，不必知之，只要照办，生活就能得到保障的办法，自然会随之发生一套价值。我们说'灵验'，就是说含有一种不可知的魔力在后面。依照着做就有福，不依照了就会出毛病。于是人们对传统也就渐渐有敬畏之感了。"[②]

上述这两个例子虽然貌似不同，一种指向神秘的力量，一种指向日常，细细想来却同样是指向一种精神性的经验与洞察力，一种知识系统的完整与贯穿性，它比已经被各种分裂的学科知识更能完整地解释经验中的自然，因而在真实的社会生活中，它更有实际的生命力。

与此同时，它们具备共同的特征是：都有一种互渗的神秘感给人带来一种威慑的力量。无论是神秘的力量还是传统，都会给人一种心灵上的震撼与皈依感。在生活中，这种互渗不断强化而产生了一种使人敬畏的威力。这种威力，在中国被儒家的"礼"所应用和化解，成为种种仪式。这就是传统的社会生活与精神结构中"有所敬畏"的认识论依据。这种方式及其不可言说的依据对于传统工艺的传承与延续而言至关重要。

费孝通说："如果我们对行为和目的之间的关系不加追究，

---

① 费孝通. 乡土中国. 南京：江苏文艺出版社，2007：54.

② 费孝通. 乡土中国. 南京：江苏文艺出版社，2007：56.

只按着规定的方法做，而且对于规定的方法带着不这样做就会有不幸的信念时，这套行为也就成了我们普通所谓‘仪式’了。礼是按着仪式做的意思。”① 用原逻辑的思维方法，通过互渗律的加强，说明神秘的共性必然存在，在一直奉行实用主义态度的中国，这样就足够了。即使是孔子，对这种神秘性也采取不拒绝的态度。巫术能够借助仪式、姿态、咒语等符号化的象征语言实现一种意志，因此，孔子也借助这种思想方式实现了他对于社会的秩序化理想。

中国古代玉器文明以连绵不绝的姿态在中国发祥了近万年时间，在西方的任何一个民族中，竟然没有一例可以与之相比照的。唯独在中国，玉文化从史前时代就一直兴盛不衰，一直传承延绵下来。那么，是什么力量让人们传承这种独特的文化？又是什么力量让人们把一种文化凝聚到天然矿石身上呢？

本书提出的解释是：通过在造物成器过程中，人的精神能量的互渗与传递。在这个过程中，帝玉物化了礼制的秩序。《考工记》中玉人之事的记述就是把礼制和具体的设计标准建立起一种连接，同时也铺垫了一种礼制制玉起点的暗示。而在京都玉作的实践中，帝王的意志和趣味则继续强化了这种互渗的威力。元明清三代帝王用玉、崇玉、亲自督办治玉，则再次强调了治玉的起点和质量。这种皇权文化的精神暗示使宫廷玉匠追求的是一种眼力之高与技艺之精的极致，也将这种精神通过玉器的物质载体传递至民间。

---

① 费孝通. 乡土中国. 南京：江苏文艺出版社，2007：56.

从巫玉到帝玉再到士玉，玉器似乎从神坛走向俗世，但是它的精神能量并没有因此逐级消失，而是渐次凝结到玉这个载体之上。那种神秘莫测的自然力量逐渐转变成为价值观和人格的语义。即便在现代中国，玉文化的国家身份已被切断之后，它的影响力也并未消失，而是以一种精神标志的方式融入民间。在民间意识形态中有，人们视“玉德”，宁愿“玉碎”、不为瓦全的人格象征，仍然非常崇高而正面。“它在历史上及文化主流意识形态中的合法性，以及它所拥有的融政治、文化、历史价值于一体的推动力，客观上强化了它在民间市场中的流动价值，也使它增加了在民间文化中的象征作用与文化影响力，其中也包括文化传播力的强化。这种来自于“语用学”而非语义学意义上的文化话语权，事实上始终非常强大，这也是中国工艺美术传统得以在逆境中仍然传承不断的一个不可忽视的原因。”①

玉凝聚了这些信仰与精神能量，在京都玉作中铺陈了一个实现秩序的流向。“礼并不是靠一个外在的权利来推行的，而是从教化中养成了个人的敬畏之感，使人服膺；人服礼是主动的。”②因此，我们看到，无论是宫廷还是民间，无论是玉行还是作坊中人，都不离玉所构建的价值中轴，成就了一种范式和秩序。

---

① 许平，苏欣，王余烈．中国工艺美术大师——李博生．南京：江苏美术出版社，2011．

② 费孝通．乡土中国．南京：江苏文艺出版社，2007：56．

6.2　合“式”的行为规范

从玉行规约到玉作内的各种规矩，从玉人视玉的起点，到整治玉料和使用工具的方法，我们都可以看到，京都玉作之内，时时处处都是被一种不成文的规矩和行为规范所控制。这些规矩几乎没有人说得出是谁创立的，遵守它们又会怎样，甚至有些都没有一个明文的规定。它可能只是玉器商的一个袖内动作，只是玉作内正确使用工具时协调而具有韵律的声音，抑或是磨玉先生坐在高凳上翘着腿点一锅烟时所传达出的眼神。这些细节之规好似有一只无形的手，无时无刻不在规范着整个京都玉作系统中人们的言行，并逐渐强化成为一种自然而合理的合“式”之范。

北京玉行长春会馆所立规约第二条中载：“本行各值年会首，原以公正老成素望之人办理馆事，无论该会首等子孙如何贤能，不得接替承办馆事，切记切记。”第三条：“馆中修理各项工程，以及添制各物工料，必要坚实，庶可经久，且免修饰之烦。”以及第十二、十三条：“每逢祀神，届期必须虔诚恭敬，大众等不得任意嬉笑。违者罚香百束，会首等犯之，罚香加倍。”、“本馆原为祀神议事之所，非京师各处香火庙宇可比。各会首等轮流值年，尽心将事，托庇神佑，不得仍蹈故辙，复染旧习。”①

从这些所谓的“行规”，我们并没有看到非常详细的“法令之规”以及如果触犯，怎样严厉责罚的字眼。我们看到的只是“不得”、“切记”，比较严厉的惩罚也不过是“罚香百束”，特别

① 李华. 明清以来北京工商会馆碑刻选编. 北京：文物出版社，1980：116.

是作为会馆管理人员的会首，如果触犯要“罚香加倍”。似乎这些规约都是通过人的良心规范而为之。“添制各物工料”要会员自我约束“必要坚实，庶可经久”。多数规约都是通过人的自律“尽心将事”。

在作坊间，“夹包的”不可以轻易透露各个作坊内的工艺情报和秘密，同时他们的眼力和鉴赏水平直接决定了各个作坊的趣味与取向。

在作坊里，我们也可看到类似的事例。只有能够“上凳”，才代表玉人在作坊里的地位等级差别。不得“串凳”，不得看别人未完成的“活儿”，这个“不得”，只是靠一把沙子把琢制中途的玉料盖住[①]，看不看都是自己的行为规范。师徒之间的训导与交流也是极其简单的，师傅的一声叹气，一个严厉眼神，就代表了对徒弟的不满。徒弟必须及时修正自己所犯的错误；而师傅的一个微笑，一句“家伙使绝了”，甚至是分配一块上好的玉料给徒弟琢制，就代表了对徒弟最大的褒奖和认同。

在治玉创作方法中，“弯脏去绺”、“无绺不做花”等等这些规矩都像烙印一样印刻在玉人的心中，如果不遵循这些规矩，就是对玉料的“造次”与不敬，是对自己“艺德”的亵玩。

从上述种种事例中，我们能够得出这样一种结论。京都玉作系统内的每一个环节都有一种固有的方式，这些方式既是传统给人留下的经验记录，又是后人为了维护这个传统而进行的自我修正。但是整个过程中，这个秩序能量的传递完全是靠系统中人的自我规范和约束来保持整个系统的平衡。我们看到，

① 此处本书在第 2 章规矩与范式里有详细记述。

以玉为核心，如同有一种“神力”一样的力量在京都玉作的生态系统中发展出各种行为方式，这些行为方式又对一种共同的力量进行引导，并为这种行为赋予了道德的意义。因此，在这种共同力量的引导之下，整个系统会呈现出一种看上去“自然而然”的秩序。

这种“自然而然”、无为而治的秩序，就是中国人常常挂在嘴边所说的“礼”。费孝通说：“礼是社会公认合式的行为规范。合于礼的就是说这些行为是做得对的，对是合式的意思。如果单从行为规范一点说，礼本和法律无异，法律也是一种行为规范。礼和法不同的地方是维持规范的力量。法律是靠国家的权力来推行的。‘国家’是指政治的权力，在现代国家没有形成前，部落也是政治权利。而礼却不需要这有形的权利机构来维持。维持礼这种规范的是传统。”①

与之对比，福柯在《规训与惩罚》中说，国家需要的纪律，需要监视公众的权力，即一种“持久的，洞察一切的，无所不在的监视手段。这种手段能使一切隐而不现的事物变得昭然若揭”。那么，还有什么比人心中合式的“礼”的秩序更持久的、更洞察一切、更无所不在呢？而我们知道，“礼”的文化合法性根源正在于更为古老的“神圣”经验。如果说，西方的神话系统曾经通过一个普罗米修斯“盗火”的传说试图为西方人文精神中的“神圣结构”奠定基础，那么，东方的文化系统则通过“玉”以及与其相似的实践经验创造了东方人文精神中的另一种“神圣结构”。所不同的只是，在这个结构里，这种“神圣性”不是来

---

① 费孝通. 乡土中国. 南京：江苏文艺出版社，2007：54.

自上天，而是来自于大地。

正是这样对于传统的薪火相传，使人们把一套行为系统内的方法和规则不断加以试错、筛选、沉淀、淘汰、补充，最后形成了一套行之有效的范式，变成一种“可以遵守的成法”。①

京都玉作就是在这样的方式中建立了自己稳定的文化结构，使采玉、治玉、售玉等行为规范获得一种秩序和意义。文化在这种富于制度隐喻的范式中得到了最强烈的表达方式。

而“互渗”在秩序的铺展中也起到了巨大的作用。“互渗的实质恰恰在于任何两重性都被抹煞，在于主体违反矛盾律，既是他自己，同时又是与他互渗的那个存在物。”② 正是这样，外化的制度与内心的“道德律令”互渗，制度为每个人心中的“荣耻观”所取代，个体生命反倒成为制度的“活化物”。所以我们看到，京都玉作的玉人会尊师徒的规约、尊技术的高低，玉行商人则独尊眼力的高低。因为那是由自己的努力和修为而争得的尊严和荣誉，这种能力就是就是一种“制度”的化身。

费孝通说：“礼治从表面看去好像是人们行为不受规律拘束而自动形成的秩序。其实自动的说法是不正确，只是主动地服从成规罢了。孔子一再地用‘克’字，用‘约’字来形容礼的养成，可见礼治并不是离开社会，由于本能或天意所构成的秩序了。”③

孙曜东在回忆民国时期“翡翠大王”铁宝亭的时候讲述了

---

① 费孝通. 乡土中国. 南京：江苏文艺出版社，2007：55.

② ［法］列维·布留尔. 原始思维. 丁由，译. 北京：商务印书馆，2007：450.

③ 费孝通. 乡土中国. 南京：江苏文艺出版社，2007：57.

这样一则逸事：

铁宝亭为人极忠厚，一生生活非常俭朴，发了大财也毫不奢侈、张扬。他家祖上就在北京开珠宝铺子，小铺门脸不大，前门开店，后头四合院就是家院。买卖做得再大也不扩充门面，仍旧只用三四个伙计，凡重要点的事情均自己亲自跑腿。他一年到头穿一件洗得发白了的灰布大褂，脚上布鞋布袜，从不去赌场、舞场、妓馆，是北方那种传统的生意人。

这样一个俭朴节约的人，谁能想得到，他竟当着众人的面，把一枚花了七根金条买来的“猫儿眼”给砸了！

“猫儿眼”是一种珍贵的宝石，在太阳底下能变色，像猫的眼睛一样令人捉摸不定。从前北京大宅门里的姑奶奶姨太太，拥有一颗“猫儿眼”无形中就抬高了身份。那时，铁宝亭每天上午九点多总要到“荣会”即同行相聚的地方上走一圈，掌握行情。有一天大家快散伙时，他喊住大伙儿慢会儿走，他给大家看一样东西，说着就从怀里掏出一枚蚕豆大小的“猫儿眼”。大家传过来传过去，都认为是真的，而且说是大开眼界。可是，铁宝亭收回来后铁青着脸对大伙儿说：“我告诉你们，这是个假的。我这回‘打了眼’，吃了‘充货’了！”大家一下子伸长了脖拿过来再看。经铁宝亭指点，人们在太阳底下转着看，才在一个特定的角度上发现了三条极细的线，做假的斧痕遂暴露了出来，大伙儿不由得倒抽一口冷气。一般生意人遇到这种情况，只当没事闷在肚子里，一旦有不识货的主儿推出去了事。而铁宝亭的牌子硬在绝不卖假货。只见他拿起一把榔头狠狠地说："这玩艺能'充'骗了我，还有什么人不能'充'？我非砸了它不可！"说完就朝那"猫儿眼"砸去！

此事当时轰动全国，七根条子的买卖就这么一锤子砸了，很能说明铁宝亭为人做事的品性，名气自然也就更大了。[①]

如前所述，古玩玉器行里，全凭眼力识货，如果不小心"打眼"，收了以次充好的东西，对一个经验丰富，眼力卓越的商人来说，是一种莫大的耻辱。铁宝亭作为当时已名闻天下的商人，他完全可以不声张，甚至推给眼力低的人，但是他认为"这玩艺能'充'骗了我，还有什么人不能'充'？"可见，收了赝、次品是对他眼力和经商道德的一种挑衅，于是一怒砸了假宝贝，同时也让别人对他产生"非铁不买"的信赖。

陈重远在《文物话春秋》中对铁宝亭的为人和经营之道的记载也印证了孙曜东的回忆。铁宝亭说自己："我这人没嗜好，不抽烟不喝酒，不听戏不看电影，也不打麻将，更不打茶围逛窑子。心里闷痛了，就拿出这几件东西[②]看看，过过瘾就痛快了！"[③] 其经营口头禅是："货正不愁，货好无忧"，"货高不怕价出头"，等等。

只以鉴宝藏宝为乐、爱玉如痴的商人，却不见利忘义，唯利

① 孙曜东．浮世万象．上海：上海教育出版社，2004．

② 指铁宝亭生平最喜爱的几件翡翠料和指环。

③ 陈重远．文物话春秋．北京：北京出版社，1996：408．

是图。卖珠宝还要看看买主“配不配”。“他很看重京城里那些有学问的老翰林，和官场上败下阵来的有学问的官僚士大夫，对于那些民国后，日子一天天过得紧巴巴的公子王孙，也充满了同情……相反对暴发户他就看不起了，胸口吊着的黄金表链（怀表链）越是粗他越看不起。比如对杜月笙，他就不与之来往，认为这些流氓根本‘不配’，所谓‘好东西，你不懂，卖给你也白糟蹋东西！’不是钱不钱的问题。”①

《北京纪事》中也记载铁宝亭“管退管换。退也有赚”、“廊坊二条一门铁”② 等经营之道。

从诸多的记述中，可以推断铁宝亭是一个简朴、精通商道、爱宝如痴的人，但是，他的商道有自己的底线和原则。这种原则更多指向了一种“克己”之约。即便是以盈利为目的的珠宝商人，也要有一种道德律令约束着自己的行为规范，否则就是对于自己能力的轻视和否定，是对自己人格和尊严的损毁和践踏。这种行为规约与神圣感、高贵感之间的互渗，使身临其中的人们越来越为这种秩序所映射的意义所统摄。而这“一怒一砸”的行为，正是那种“神圣经验”在现实中恰如其分的“仪式化”展现，使知晓、参与和传述这个仪式中的人即刻提升了对这个行业范式的认同与尊重，也更增加了对于玉石这样稀有之物所固有的神圣性与人格相互关照的一种心理暗示。

在中国，维持一个社会结构的稳定和秩序，除了依靠存在于心中的道德律令，对于传统的遵从，最重要的就是要有一套赋予

---

① 孙曜东．浮世万象．上海：上海教育出版社，2004．

② 马汗．翡翠大王铁百万的发家之道．北京纪事，2007（5）．

其合法性与合理性的“仪式”。仪式进行时，参与其中的人即刻获得一种迁跃，并巩固和强化了人在这个系统中的地位，使整体性的社群关系也得到了一种力量的增强。

即使微如本书前述的“上凳”仪式，细如锅边捞砂的轻微响动，作坊内的先生和学徒都在用眼睛默默地关注着仪式中人的行为，在固定的时间内，把水凳支好，摽稳当。工具承装完毕，捞毕五路砂子，拿一块铡头（废料）来试家伙。当这一切全部停当以后，当沙沙的磨玉声与协调的踩踏动作运转起来的时候，玉人也通过这个仪式获得了在一个特定“场域”关系中的相应位置和能量认同。一种新的秩序就这样被自然而然、举重若轻地构建起来。

6.3 本章小结

本章论述，人类的原始文化之根就是建立在人的虚弱性之上，造物活动的起源是人类因为具有生理上的虚弱性而通过工具的制造和使用，在器官机能上得以延伸。但是，这依然无法解决人类对于浩瀚自然的茫然与恐惧，于是人们将自己交付给带有虚拟人格色彩的“神明”和“权威”，从而得到一种心理上的补偿。并通过一些原始礼仪性的活动来使整体性的社群关系上得到力量的增强。

“万物有灵”是人类的原始思维所提供的一种用以解释身体和精神之间的相互作用和人与外部世界之间的相互关系的一种理论。这种观念在早期生民中对意识和行为的支配性是压倒一切的。“互渗”是指原始人的一种信仰，这种信仰认为在两件事物和两种现象之间存在着某种同一，或彼此间存在某种直接影响；尽管实际上二者间并无空间上的联系和明显的因果关系。

万物有灵论和互渗律中所含的特定内容，是作为一种集体表象而为个体所得有，成为统摄同一个群体中人的观念和意识，“在该集体中是世代相传；它们在集体中的每个成员身上留下深刻烙印，同时根据不同情况，引起该集体每个成员对有关客体产生尊敬、恐惧、崇拜等等感情。……它先于个体，并久于个体而存在”。[①] 由于万物有灵论和互渗律信仰，古人眼中关于外部世界的图景是有机的。万物有灵，物物相通，灵灵相融，所有的事物既是物质的又是精神的，并且互相感应和联系。

在这种原逻辑（prelogic）的认知活动中，想象起了关键性作用。想象并不是脱离一切的毫无根基的任意拼凑。恰恰相反，它在一定意义上较理性的计算更能反映生命存在的内部秘密和无意识中的文化本质。尤其在原始文化中，它总是带有强烈的意向性，与主体的个体经验、心理需要和文化背景相关联。

在中国传统文化中，从《周易》到先秦诸子，早在两三千年前就建构了这样一个早熟而完整的思维框架。其特点是具有整体直观的、动态平衡的、内在有机统一的和带有全息性的思维系统。其一是，这种思维方式是中国人超前的一种灵悟。就是说，它越过了许多为其产生作准备的具体思维环节。因此这种思维方式，作为更本原的原创思维，是用理性所无法把握的。其二是，尽管这种思维方式带有某些非理性的神秘色彩，但在其中确实包

① ［法］列维·布留尔．原始思维．丁由，译．北京：商务印书馆，2007：5．

含有迄今令人惊异且具有重要现实意义和深远历史意义的伟大思想。[1]

京都玉作乃至中国传统手工艺在造物、成器的过程中，一直保有部分这样的认知与心理习惯。再回到《考工记》中的“审曲面势，以饬五材”，这样的“格物”意识，其实就隐含有对于万物有灵的敬畏，因而才造“齐天下”之“良”的器物。在这里，手工艺人首先“要对得起这块料”，然后才能“对得起自己的心”，这种认识起点，就带有中国式思维的映射。

这种思维和认知倾向被现代科学技术所带来的文化所解构，在以现代科学技术为依据的逻辑思维引导下，一切都可以被作为科学研究的对象被解释和说明。知识和经验不再有“不可说”的特性，更不再作能够“触摸天机”的互渗工具，因此也失去了主体的个人情感、个人体验的感人之处。“与其说他们（指原始人——引者）在思维，还不如说他们在感觉和体验。……我们的思维剥夺了它们里面的基本上具体的、情感的和有生命力的东西。”[2] 而这些“情感的和有生命力的东西”，正是手工艺精神所包含的一种震撼和直指人心的东西。

虽然西方的理性精神带来了科学的大发展，人类对于自然的的认识也越来越深入而完善，但是人类现代文明的进化过程不过几百年之久，相对于人类文明发展的历史不过是短短的一瞬，我们没有自信证明这种互渗的原始思维在将来没有存在的可能与合理性。布留尔也认为，“大多数哲学家所视为当然的思维着的主

---

① 王树人. 中国传统智慧与艺魂. 武汉：武汉出版社，2006：242.

② 王树人. 中国传统智慧与艺魂. 武汉：武汉出版社，2006：427.

体的理性统一只是一个迫切要求，而不是事实。……实际上，我们的智力活动既是理性的又是非理性的。在它里面，原逻辑的和神秘的因素与逻辑的因素共存。”①

科学技术的发展让人们享受丰富的物质生活的同时，却也附带了文化上信仰与精神维度的缺失。余英时先生引述了在1954年出版的Nature & the Greeks一书中著名科学家Schrödinger的一段话：

> 对于我们已经确定为可靠而又无争议的知识层面说，科学乃是最好的代表。……但是我很奇怪，对于环绕着我们的真实世界，科学所描绘的面貌竟又是非常不够……对于真正接近我们的心灵的一切，对于真正和我们密切相关的一切，它（科学）几乎一无所知。……它不知上帝与永恒，善与恶，美与丑。有时科学也会尝试着解答这些领域内的问题，但它的答案常常可笑之至，使我们无法信服。
>
> 因此，简言之，我们并不属于科学为我们所建构的物质世界。我们不在它之中。……我们相信我们在它之中……乃是因为我们的身体属于它之故。
>
> 此一不和谐的局面之造因何在呢？……那是因为我们为着建构外在世界的图画已用极端简化的手段把我们自己人格从其中剔出并除去了；所以，这幅图画中没有人格，它（指人格）已如轻烟般消散无踪，而且在表

---

① ［法］列维·布留尔．原始思维．丁由，译．北京：商务印书馆，2007：452．

面上它是不需要的。[①]

人的内心和精神世界的复杂性是现代科学技术所难以企及的。马克思说："物质生活的生产方式制约着整个社会生活、政治生活和精神生活的过程。"[②] 本章开篇提出当代文明所存在的"文明坐标系"的危机，其根源就在于，单向度发达的高技术社会割裂了人类精神结构与生活世界之间彼此照应、彼此互渗的关系。人的个体并非仅以碳水化合物与氧合成的物质，人这种生命体一旦形成就衍生出无数精神活动的方式与结构。如果人类世界只关注到外在的、物质形态的人类群体而忽视了这个群体中更为复杂和浩瀚的精神体的存在，就意味着一种可怕而危险的撕裂，这种认识上和实践中的错误将导致当今社会不仅忽视精神"治理"（借用治玉行的术语）的真实需求，而且会忽略千百年来已经证明对这种"治理"是行之有效的经验与方法，从而使已经危机重重的人类社会陷入更深的困境。

当今的中国社会目前也处于一个从物质结构到精神结构全面转型的时期，这种转型波及政治、经济、文化等各个领域，当然也包括当代设计。每一个领域都已经或正在发生着颠覆性的变化。然而在这些天翻地覆、风云际会的时代景象中，人们常常会感到那种精神的阵痛或文化失序的尴尬。

现代性在给社会带来丰富的物质生活的同时，也带来一些无法忽视的诟病。比如，在看似社会文化欣欣向荣的同时，在人格

---

① 余英时. 文史传统与文化重建. 北京：生活·读书·新知三联书店，2004：37.

② 中共中央马克思恩格斯列宁斯大林著作编译局. 马克思恩格斯选集（第二卷）. 北京：人民出版社，1972：82.

完整性的层面、价值连续性的层面、精神统一性的层面，都出现了分裂或碎片化的迹象。文化的内核被渐渐放弃与丢失，包括道德、教育、信念、修养等普适价值，也包括淳朴、仁厚、温润、诚信等民族传统性格，都在现代化过程中成为一盆被集体泼出去的水。这是一种综合性的危机，它不仅显现于个体行为的失范，更显现于一种社会性、结构性的文化失缺。

回望京都玉作，在历史的沉淀与砺练中，在对于玉石“如切如磋、如琢如磨”的过程中，在各个阶层人群自然而然构成的秩序中，在每个环节庄严而高贵的范式中，玉，这个被称为“大地的舍利”的天地之精华，从自然造就的天然矿石，到人类造物肇始的工具[①]，到代表神权、可以避凶获吉的神器，再到国家权力的物质载体；从规范皇族礼制与德行的“腰间一点”[②]，到士人君子映射精神世界与世俗伦理的德符，直到玉人手中的“活儿”，一层层，一步步，逐级修炼、升华直至成为一种“神格化”的人文精神载体。

京都玉作的历史脉络，就是把不同民族、不同阶级的丰富而深邃的人类精神，通过互渗，滋养出核心的文化价值，并凝炼到玉这个物质载体中的过程。正因为如此，尽管在漫长岁月的打磨中，玉仍然历久弥新地散发出幽微而温润的人类精神的光辉。

我们看到，玉所承载的象征语义无一不是指向崇高、仁慈、

---

① 考古学已证明中国出土的旧石器时代末期、新石器时代早期玉器中，一部分为匕、斧等砍斫工具。如：闻广《中国古玉研究的新进展》（中国宝玉石，1991(4)）.

② 玉文化研究者从“玉”的字形解读其代表的含义。认为将“王”字加上一点乃成为“玉”字，即王者腰间一点为玉。这种说法未经严格考证，只是一种解读方式。本书只借用其代表皇权的含义。

道德、智慧、美好、永恒等人类文明的终极向度。这个高度，让人景仰。至此，我们就能够解释出为什么中华民族似乎有一种爱“玉”的“天性”，为什么“玉”具有穿越时空的能量，甚至成为一种奥运精神的象征被不同民族的人所认可，那是因为人类崇尚“超越”与“修炼”的集体意志所以然，是人类向往“和平”与“永恒”的天性所以然，更是人类智性中的希望与信念所以然。

其实，我们的内心，还是被这种神圣的“天地之精”与高贵的“人格之精”所“互渗”，只有玉，才能代表这种双重的隐喻。

7 结　语

影响中国传统工艺美术历史格局的文明因素，既包括城市文明与江河文明这样的外在条件，还包括技艺的流传与经验的成长这样的内在条件。中国的历史、地理结构不仅提供了解释不同区域传统工艺得以生成的外部条件，也提供了解释其内在条件的可能，人们常见的北方工艺与南方工艺在风格上的区分正是在这样的解释逻辑中形成的。但是这样的解释常常会忽视一些潜在的影响因素，比如本书提及的“流动性”。

本书所关注的流动性，既包括自然条件下人们沿着自然地理所规定的方向和平地交往与互换，以及在这种方式下形成的促使技术交流与工艺发达的潜在条件；同时也包括在特殊条件下，人们以非和平的方式导致的资源变换、技术投送与人员往来。书中以北方游牧民族对中原传统文化资源的占领与运送为例，指出军事因素与政治因素都可能在客观上强化特定历史条件下影响文明进程的“流动性”，并因此而带来中国传统工艺布局中的某种历史痕迹，作为北方玉工艺中心的“京都玉作”即是这种变局中的一个范例。

长期以来，工艺美术史对于南北玉作工艺的研究已经展开丰富的风格比较。但是，单从风格上界定其南北差异还不足以区分南、北玉作间的真正差别。形成样式的风格并不仅仅是制造者个人的取向或行为使然，但凡能够成为一种具有强烈的地域性倾向或文化气质倾向的风格，必定有其约定俗成、世家祖制、甚至政治体统的某种久远传承。而在传统工艺的论述文字中，对这一领域涉及甚少。

江浙一带经济发达，工艺传统深厚，能工巧匠云集，其样式与规模主要是文人文化与商业传统促成，同时，民风与时尚亦趋之。对这一点，各种研究专著中屡有提及，"正是消费者对新式样、新产品的迷恋和追逐，振奋、鼓舞着生产者争奇竞胜的信心和勇气，从而推动着江南民间工艺美术的不断翻新、不断创造"①。

而对于北方玉作的风格倾向及其历史来源，则显然探讨不够深入。事实上，以北方都城北京为中心的京都玉作，以皇家体统与贵族精英文化为依托，而皇城身份所特有的集聚性与扩散性结为一体的文化吸纳方式，则加剧了"流动性"因素对地域风格形成的影响。形形色色的玉作被赋予帝王趣味与意志，又设制度严格监管，在此背景之下的以"官匠"玉作为主流，民间玉作为补充，役、佣结合，东西方文化并蓄，同时兼容西域、中原、南方玉匠技艺的北方玉作，从源头上就带有一种统治者把征服与融合相兼，技艺与尊严并行的精神文化起点，因而也更具至尊与高贵的隐喻。正因于此，北方玉作对于这种精神价值的固守，比其他地方自由生长的民间玉作更具有明确而强烈的风范倾向性和

---

① 尚刚．元代工艺美术史．沈阳：辽宁教育出版社，1999：309.

典型性。在这种背景下形成的“京都玉作”范式不仅铭刻于坊间，甚至流逸于市井，影响着北方玉作市场的价值取向与审美品味，成为一种约定俗成的文化规则与集体心理。正所谓“京师天下之根本，四方所取则”①。这也正是本书所要追问和探讨的。

本书的研究指出，北方独特的政治变革史与民族交流史为北方玉作的格调形成提供了独特的城市文化背景与市井价值背景，而蕴含在这种文化格局中的帝王政治取向与精英文化取向经过历代参与者从不同层面及向度上的锤炼，已经纯化，形成一种具有可以构成工艺传统的合法性与权威性的专业话语，从而深入地渗透于玉作工艺的技术精神与文化品味之中。这种独特的文化氛围与历史基调赋予京都玉作以特有的研究样本价值。

以京都玉作为典，但本书的观照并不仅限于玉工艺本身。在中国工艺传统中，“工艺”的内涵往往不止体现在它的外部形态，更多的时候，似乎指向的是一种超越形态之外的“品格”，也即一种精神性的逻辑。在这种逻辑中，“物”可以幻化成“象征”，“工艺”可以传达“精神”。“工艺”在这个关系下所体现的价值，可以跨越种族、等级、身份或权势，成为一种共同的行为约束或文化境界。中国传统工艺中的“物”绝非有形的形态，它既是“事”，又是“人”，还指向“心”。

在这个意义上，中国传统手工艺的真正价值在于“高端手工艺”的历史禀赋，这里的“高端”正是所谓“着眼”之高、“取象”之高与“意蕴”之高的合成与综合性品质显现。它有可能成为连接历史脉络与当下价值取向的结点；成为个人的文化取向

---

① 明会要（卷五十一）《民政二·风俗》

与集体的文化命运间有形的链接；成为现实性的物之精华与超越性的人文价值的结晶。

本课题研究十分重视阿诺德·盖伦在《技术时代的人类心灵》中所表述的一种文化立场，“现代文明的内在矛盾及其所造成的人类心理失调，并不是人类文明这一方面或哪一方面的危机，而是整个人类文明坐标系的危机”①。本书无意为如此宏大的难题求解，但是，通过京都玉作的文化解析，我们或许可以找得出某种视角，为传统的文化精神如何真正回归于现代生活及现代设计中寻求一种思考的指向。

中国人对玉的偏爱和倚重，具有深厚的文化和历史基础。其中，不可忽视的就是玉器作为一种物质载体，却凝炼着诸多的社会价值观和文化信息等代表人类精神的丰富语义。传统手工艺的生成、生长、生存包含着丰富的创造性遗产，只有将这种创造性研究与人文研究相结合，才能为传统手工艺的真正存活提供现实的可能，并转化为当代设计可汲取的营养。在对京都玉作“作”的解析中，本书分析了整个玉作行业之“作”认同的价值起点，及其手工之“作”中与如何治玉的方法规范；在对京都玉作“范”的研究中，我们分析了这种融合皇家血统和主流文化的精神价值如何在行业之“作”中建立起一种稳定的文化心理和设计秩序。在从京都玉作中人对于玉的精神信仰和他们的行为范式的分析中，本书发现，传统社会的手工艺中，在精神信仰与人类造物行为之间存在着一种张力。这种张力从源头上是一种对于

① ［德］阿诺德·盖伦. 技术时代的人类心灵. 何兆武，何冰，译. 上海科技教育出版社，2003.

“天理”、“自然”、“王权”的畏惧，而在流变中又化为对于传统、礼制等社会秩序的敬重。这种张力的能量最后内化成为人们自身的修为，并演变成一种合“式”的行为规范。这种张力正像一根隐于范式之后的价值中轴，牵引和规范着传统玉作甚至中国传统工艺中的一种精神归宿，并构筑了一个关联着价值观及方法论的稳定结构。

人的内心和精神世界的复杂性是现代科学技术所必须面对的难题。[①] 本书指出当代文明所存在的“文明坐标系”的危机，其根源就在于，单向度发达的高技术社会割裂了人类精神结构与生活世界之间彼此照应、彼此互渗的关系。如果人类世界只关注到外在的、物质形态的人类群体而忽视了这个群体中更为复杂和浩瀚的精神体的存在，就意味着一种可怕而危险的撕裂。这种认识上和实践中的错误将导致当今社会不仅忽视精神“治理”的真实需求，而且会忽略千百年来已经证明对这种“治理”是行之有效的经验与方法，从而使已经危机重重的人类社会陷入更深的困境。我们无法回避现代性在给社会带来丰富的物质生活的同时也带来的诟病，但是我们有可能通过对这些缺陷的批判与警示，寻找一种理想境界向现实路径回归的方式与方向。

京都玉作作为一种群体性的智性实践，在历史的沉淀与砺练中，在对于玉石“如切如磋，如琢如磨”的过程中，在各个阶层人群自然而然构成的秩序中，在每个环节庄严而高贵的范式中。玉，这个被称为“大地的舍利”的天地之精华，层层修炼，

① 中共中央马克思恩格斯列宁斯大林著作编译局．马克思恩格斯选集（第二卷）．北京：人民出版社，1972：82.

步步升华，直至成为一种人文精神的载体。事实上，这一历史过程是把不同民族、不同阶级的丰富而深邃的人类精神凝炼到物质载体中的过程。正因为如此，经历了漫长岁月的打磨，玉才能仍然历久弥新地散发出那种人类精神的光辉。如果将这种辉光也能够投射到当代人类心境的某个角落，是否可以为内心的澄静带来一种寄托与依靠?!

据此，本书不仅试图解释为什么中华民族似乎有一种爱“玉”的“天性”，更试图解释人类是否有可能光大一种崇尚“超越”与“修炼”的集体意志，一种向往“和平”与“永恒”的天性，一种能够融希望、信念与美学体验于一体的智慧的物质形式。

在老北京城的玉玩行中，有一种规矩：熟人久未谋面，相逢后会先从兜里取出新近把玩的玉玩意儿，相互较劲一下。不是比价格，而是比成色，比品味。通过比试而显弱者，不动声色，收回玩意儿，回家继续修炼。本书以京都玉作为例，试图分析中国工艺传统中一种流淌中、沉积中、同时也是涌动中、激荡中的精神结构，《礼记》云：“君子慎其所以与人者”。文章既已示人，是表示对近年来频繁接触的所有“玉作”、“玉人”、“玉事”的尊重，而非意味着修炼已成。如果本书的抛出，也能被视为京都玉作百年修炼过程中的一粒砂、一颗石，而非“充骗”勾当，则无悔也。

参考文献

[1] Peter Dormer Edited："The culture of craft：Status and future"，Manchester University Press，1997.

[2] David Pye：The Nature and Art of Workmanship，Cambridge University Press，1968.

[3] [法] 维克多·特纳. 仪式过程. 黄剑波，柳博赟，译. 北京：中国人民大学出版社，2006.

[4] [德] 阿诺德·盖伦. 技术时代的人类心灵. 何兆武，何冰，译. 上海：上海科技教育出版社，2003.

[5] [法] 尚·布希亚. 物体系. 林志明，译. 上海：上海人民出版社，2001.

[6] [美] 马克·格兰诺维特. 镶嵌——社会网与经济行动. 罗家德，译. 北京：社会科学文献出版社，2007.

[7] [英] 安东尼·吉登斯. 现代性的后果. 田禾，译. 南京：译林出版社，2000 年. 中国人民大学出版社，2007.

[8] [法] 列维·斯特劳斯. 人类学讲演集. 张毅声，张祖建，杨珊，译. 北京：中国人民大学出版社，2007.

[9] [德] 卡尔·雅斯贝斯. 时代的精神状况. 王德峰，译. 上海：上海译文出版社，2008.

[10] [法] 列维·斯特劳斯. 野性的思维. 李幼蒸，译. 北京：中国

人民大学出版社，2006.

［11］［法］列维·布留尔. 原始思维. 丁由，译. 北京：商务印书馆，2007.

［12］［俄］弗拉基米尔·雅可夫列维奇·普罗普. 神奇故事的历史根源. 贾放，译. 北京：中华书局，2006.

［13］［伊朗］志费尼. 世界征服者史. 何高济，译. 呼和浩特：内蒙古人民出版社，1980.

［14］［美］卡尔·米切姆. 技术哲学概论. 殷登祥，等，译. 天津：天津科学技术出版社，1999.

［15］［法］贝凯，等. 柏朗嘉宾蒙古行纪. 耿昇，何高济，译. 北京：中华书局，1985.

［16］杨伯达. 中国玉文化玉学论丛. 北京：紫禁城出版，2006.

［17］杨伯达. 古玉史论. 北京：紫禁城出版社，1998.

［18］刘东瑞，刘浩. 文物鉴赏丛录—二—玉器. 北京：文物出版社，1998.

［19］尤仁德. 古代玉器通论. 北京：紫禁城出版社，2003.

［20］栾秉璈. 怎样鉴定古玉器. 北京：文物出版社，1984.

［21］赵永魁，张加勉. 中国玉石雕刻工艺技术. 北京：北京工艺美术出版社，1994.

［22］谢天宇. 中国玉器收藏与鉴赏全书（上下卷）. 天津：天津古籍出版社，2004.

［23］故宫博物院. 故宫珍宝. 北京：紫禁城出版社，2004.

［24］张蓓莉. 系统宝石学. 北京：地质出版社，1997.

［25］王名时. 潘秉衡琢玉技艺. 北京：轻工业出版社，1982.

［26］张兰香，钱振峰. 古今说玉. 上海：上海文化出版社，1997.

［27］章用秀. 古玩典籍探秘. 天津：天津古籍出版社，1999.

［28］刘道荣，王玉民，崔文智. 赏玉与琢玉. 天津：百花文艺出版

社，2003.

[29] 余继明. 中国古玉器图鉴. 杭州：浙江大学出版社，2004.

[30] 张广文. 古玉鉴识. 桂林：广西师范大学出版社，1993.

[31] 汪育治. 古玉精粹. 海口：海南文宣阁出版社，2003.

[32] 邱东联. 古代玉器图鉴. 长沙：湖南美术出版社，2004.

[33] 清·吴大澂. 古玉图考. 扬州：江苏广陵古籍刻印社，1997.

[34] 古玉图考图说. 济南：山东画报出版社，2003.

[35] 故宫博物院. 故宫藏玉. 北京：紫禁城出版社，1996.

[36] 台北故宫博物院. 故宫玉器选萃. 台北：台北故宫博物院，1973.

[37] 高和. 故宫珍宝. 北京：紫禁城出版社，1995.

[38] 朱荣基. 赏玉观璞. 深圳：海天出版社，2006.

[39] 章鸿剑. 石雅、宝石说. 上海：上海古籍出版社，1993.

[40] 王鸿生. 世界科学技术史. 北京：中国人民大学出版社，2008.

[41] 桑行之. 说玉. 上海：上海科技教育出版社，1993.

[42] 明·宋应星. 天工开物图说. 济南：山东画报出版社，2009.

[43] 周南泉. 古玉器. 上海：上海古籍出版社，1993.

[44] 杨伯达. 巫玉之光：中国史前玉文化论考. 上海：上海古籍出版社，2005.

[45] 朱狄. 信仰时代的文明. 北京：中国青年出版社，1999.

[46] 白寿彝. 中国回回民族史. 北京：中华书局，2007.

[47] 胡振华. 中国回族. 银川：宁夏人民出版社，1993.

[48] 余英时. 文史传统与文化重建. 北京：生活·读书·新知三联书店，2004.

[49] 中共中央马克思恩格斯列宁斯大林著作编译局. 马克思恩格斯选集. 北京：人民出版社，1972.

[50] 杨伯达. 杨伯达论玉：八秩文选. 北京：紫禁城出版社，2006.

[51] 曲石. 玉器时代. 太原：山西人民出版社，1991.

[52] 张广文. 玉器史话. 北京：紫禁城出版社，1991.

[53] 梵人，何昊，王志安. 玉石之路. 北京：中国文联出版社，2004.

[54] 骆汉城，等. 玉石之路探源. 北京：华夏出版社，2005.

[55] 陈启贤. 玉文化论丛—3. 北京：文物出版社，2009.

[56] 姚士奇. 中国玉文化. 南京：凤凰出版社，2004.

[57] 殷志强. 中国古代玉器. 上海：上海文化出版社，2000.

[58] 古方. 天地之灵：中国古玉漫谈. 成都：四川教育出版社，1996.

[59] 古方. 冰清玉洁：中国古代玉文化. 成都：四川人民出版社，2004.

[60] 季兆山，张煜. 中国古代玉器文化分析. 上海：东华大学出版社，2011.

[61] 薛翔. 中国古玉器. 武汉：湖北美术出版社，2003.

[62] 唐延龄，等. 中国和阗玉. 乌鲁木齐：新疆人民出版社，1994.

[63] 彭泽益. 中国近代手工业史资料. 北京：中华书局，1984.

[64] 清宫内务府造办处档案总汇. 北京：人民出版社，2005.

[65] 汉·许慎. 说文解字. 北京：中华书局，1981.

[66] 吴兆基. 诗经（图文本）. 北京：宗教文化出版社，2001.

[67] 陈重远. 文物话春秋. 北京：北京出版社，1996.

[68] 陈重远. 鉴赏述往事. 北京：北京出版社，1999.

[69] 陈重远. 骨董说奇珍. 北京：北京出版社，1997.

[70] 陈重远. 古玩谈旧闻. 北京：北京出版社，2006.

[71] 陈重远. 老珠宝店. 北京：北京出版社，2005.

[72] 陈重远. 老古玩铺. 北京：北京出版社，2005.

[73] 杨良志. 金受申讲北京. 北京：北京出版社，2005.

[74] 王树村. 中国传统行业诸神. 北京：外文出版社，2004.

[75] 清·冯一鹏. 塞外杂识. 天津：天津古籍出版社，1987.

[76] 李伟，等. 抗日战争中的回族. 兰州：甘肃人民出版社，2001.

[77] 宋·周去非. 岭外代答校注. 杨武泉，校注. 北京：中华书局，1999.

[78] 清·高宗. 清高宗御制诗文全集. 台北："国立故宫博物馆"，1976.

[79] 王正伟. 回族民俗学. 银川：宁夏人民出版社，2008（2）：220.

[80] 新京报社. 北京地理：民间绝艺. 北京：当代中国出版社，2005.

[81] 张仲. 古玩商的生意经. 北京：蓝天出版社，2002.

[82] 李华. 明清以来北京工商会馆碑刻选编. 北京：文物出版社，1980.

[83]《文史知识》编辑部. 儒佛道与传统文化. 北京：中华书局，1990.

[84] 周南泉，冯乃恩. 中国古代手工艺术家志. 北京：紫禁城出版社，2008.

[85] 葛兆光. 古代中国文化讲义. 上海：复旦大学出版社，2006.

[86] 费孝通. 乡土中国. 南京：江苏文艺出版社，2007.

[87] 汪凤炎，郑红. 中国文化心理学. 广州：暨南大学出版社，2004.

[88] 王鍾陵. 中国前期文化——心理研究. 上海：上海古籍出版社，2006.

[89] 林建华. 物缘文化研究. 北京：民族出版社，2005.

[90] 李养正. 新编北京白云观志. 北京：宗教文化出版社，2003.

[91] 张孟闻. 李约瑟博士及其《中国科学技术史》. 上海：华东师范大学出版社，1989.

[92] 王前，金福．中国技术思想史论．北京：科学出版社，2004.

[93] 刘大平．中国神话经典．呼和浩特：蒙古大学出版社，2003.

[94] 潜明兹．中国神源．重庆：庆出版社，1999.

[95] 谢名春．科学技术及其思想史．成都：四川大学出版社，2006.

[96] [法] 丹纳．艺术哲学．傅雷，译．北京：人民文学出版社，1986.

[97] 胡小鹏．中国手工业经济通史（宋元卷）．福州：福建人民出版社，2004.

[98] 蔡锋．中国手工业经济通史（先秦秦汉卷）．福州：福建人民出版社，2004.

[99] 孙曜东．浮世万象．上海：上海教育出版社，2004.

[100] 北京市地方志编纂委员会．北京志—工业卷，纺织工业志，工艺美术志．北京：北京出版社，2002.

[101] 许平．视野与边界——艺术设计研究文集．南京：江苏美术出版社，2004.

[102] 许平．青山见我．重庆：重庆大学出版社，2009.

[103] 许平．造物之门．西安：陕西人民美术出版社，1998.

[104] 许平，苏欣，王余烈．中国工艺美术大师——李博生．南京：江苏美术出版社，2011.

[105] 柯杨．中国风俗故事集（上册）．兰州：甘肃人民出版社，1985.

[106] 缪荃孙．云自在龛随笔（卷二）．北京：商务印书馆，1958.

[107] 王永斌，孟立．崇文街巷．北京：中华书局，2007.

[108] 潘非，等．北京市崇文区志．北京：北京出版社，2004.

[109] 徐飚．成器之道——先秦工艺造物思想研究．南京：江苏美术出版社，2008.

[110] 高丰．中国器物艺术论．太原：山西教育出版社，2001.

[111] 杭间. 手艺的思想. 济南：山东书画出版社，2001.

[112] 王树村. 中国民间画诀. 上海：上海人民美术出版社，1982.

[113] 田自秉. 中国工艺美术史. 上海：东方出版中心，1985.

[114] 李福顺. 北京美术史. 北京：首都师范大学出版社，2008.

[115] 尚刚. 元代工艺美术史. 沈阳：辽宁教育出版社，1999.

[116] 戴吾三. 考工记图说. 济南：山东画报出版社，2003.

[117] 张道一. 设计在谋. 重庆：重庆大学出版社，2007.

[118] 诸葛铠. 裂变中的传承. 重庆：重庆大学出版社，2007.

[119] 吕品田. 必要的张力. 重庆：重庆大学出版社，2007.

[120] 李砚祖. 创造精致. 北京：中国发展出版社，2001.

[121] 王树人. 中国传统智慧与艺魂. 武汉：武汉出版社，2006.

[122] 高丰. 美的造物——艺术设计历史与理论文集. 北京：北京工艺美术出版社，2004.

[123] 余强. 设计艺术学概论. 重庆：重庆大学出版社，2006.

[124] 诸葛铠. 设计艺术学十讲. 济南：山东美术出版社，2009.

[125] 华梅，要彬. 中国工艺美术史. 天津：天津人民出版社，2005.

[126] 田自秉. 中国工艺美术史. 上海：东方出版中心，1985.

[127] 杭间. 中国工艺美学思想史. 太原：北岳文艺出版社，1994.

[128] 李立新. 中国设计艺术史论. 天津：天津人民出版社，2004.

[129] 倪建林，张抒. 中国工艺文献选编. 西安：陕西人民美术出版社，2002.

[130] 杨伯达. 十八世纪中西文化交流对清代美术的影响. 故宫博物院院刊，1998（4）.

[131] 杨伯达. 清代宫廷玉器. 故宫博物院院刊，1982（1）.

[132] 杨伯达. 清代玉器的繁荣昌盛期. 收藏·拍卖，2008.

[133] 王平. “识宝回回”的历史传统与时代创新. 回族研究，2008（4）.

[134] 杨伯达. 关于琢玉工具的再探讨. 南阳师范学院：社科版，2007.

[135] 费孝通. 中国古代玉器与中华民族多元一体格局. 思想战线，2003.

[136] 杨伯达. 清乾隆帝玉器观初探. 故宫博物院院刊，1993 (4).

[137] 杨伯达. 宋元——明清玉文化概述. 收藏，1999 (5).

[138] 张广文. 清代乾嘉时期宫廷玉器的造型艺术. 文物，1984 (11).

[139] 陈廉贞. 苏州的玉雕艺术. 东南文化，1986 (1).

[140] 文少雩. 要一专多能——几件玛瑙俏色作品的启示. 北京工艺美术，1988 (1).

[141] 顾芳松. 尽快跳出“乾隆的手心”——再谈传统工艺美术的继承与创新. 北京工艺美术，1988 (2).

[142] 张明华. 原始的制玉工具. 文物天地，1989 (2).

[143] 邓淑苹. 伊斯兰的奇葩—雕有乾隆御制诗的痕都斯坦玉器. 故宫文物月刊，1989.

[144] 陈廉贞. 苏州琢玉工艺. 文物，1959 (4).

[145] 常素霞. 试论中国玉器的发展与审美特征. 文物春秋，1995 (3).

[146] 吕曼. 苏州玉器论略. 东南文化，2002 (5).

[147] 丁乙. 西域来风清代的痕都斯坦玉器. 上海工艺美术，2004 (2).

[148] 张广文. 清代宫廷仿古玉器. 故宫博物院院刊，1990 (2).

[149] 张晓梅. 清代玉雕技术. 无锡文博，1994 (3).

[150] 殷志强. 俏色玉艺术略论. 中国文物世界，1988 (9).

[151] 理炎. 乾隆爱玉与毁玉. 中国文物报，1990 年 9 月 13 日 4 版，9 月 20 日 4 版.

[152] 张丽端. 宫廷之雅——故宫清代仿古玉器特展. 故宫文物月刊, 1997 (1), 14 卷.

[153] 张丽端. 从"玉厄"论清乾隆中晚期盛行的玉器类型与帝王品味. 故宫学术季刊, 2000, 18 (2).

[154] 程民生. 试论金元时期的北方经济. 史学月刊, 2003 (3).

[155] 马汗. 翡翠大王铁百万的发家之道. 北京纪事, 2007 (5).

[156] 熊嫕. 器以藏礼——中国设计制度研究. 北京: 中央美术学院, 2007.

[157] 赵乐静. 可选择的技术: 关于技术的解释学研究. 太原: 山西大学, 2004.

[158] 殷晴. 和田玉古今谈. 新疆社会科学, 1981 (1).

[159] 傅乐治. 论中国传统琢玉工具与方法. 故宫学术季刊, 1985, 2 (3).

[160] 邓淑苹. 漫谈清代玉器. 故宫文物月刊, 1986, 4 (2).

[161] 周南泉. 明清琢玉、雕刻工艺美术名匠. 故宫博物院院刊, 1983 (1).

[162] 马建春. 元代的西域工匠. 回族研究, 2004 (2).

[163] 孔富安. 中国古代制玉技术研究. 太原: 山西大学, 2007.

图片来源

图 1-1～1-3　图片来源: http: //wenwen. sogou. com/z/q150720670. htm

图 1-4　图片来源: http: //image. so. com/i? src = 360picnormal&9 = 2008 北京奥运会奖牌

图 2-1　图片来源: 自拍

图 2-2　图片来源: http: //www. qiuchuji. org/? type = picture

图 2-3　图片来源: 北京国家图书馆善本馆自拍

图 2-4　图片来源: 自拍

图 2-5　图片来源：胡金兆. 百年琉璃厂. 当代中国出版社出版. 转引自：http：//bbs. oldbeijing. org/dispbbs. asp？boardid = 18&Id = 40153

图 2-6　图片来源：同图 2-5

图 2-7　图片来源：《老古玩铺》翻拍

图 2-8　图片来源：http：//www. panoramio. com/photo/6581892，自编加注

图 2-9 ~ 图 2-10 图片来源：http：//hi. baidu. com/spiritcafe/album/item/40dca901a48f260e1d9583 b2. html

图 2-11　图片来源：《老古玩铺》翻拍

图 2-12　图片来源：谢其章《邓云乡讲北京》，北京出版社，2005 年。转引自：http：//www. gmw. cn/01ds/2005-05/11/content_ 231678. htm

图 2-13　图片来源：自拍

图 2-14　图片来源：北玉四怪之一、琢玉艺术大师潘秉衡，《北京志—工业卷，纺织工业志，工艺美术志》翻拍

图 2-15　图片来源：北玉四怪之一、琢玉艺术大师王树森，《北京志—工业卷，纺织工业志，工艺美术志》翻拍

图 3-1　图片来源：《北京志，纺织工业志，工艺美术志》翻拍

图 3-2　图片来源：http：//tw. myblog. yahoo. com/huacangyu/article?mid = 6828&prev = 6829&next = 6664

图 3-3　图片来源：（明）宋应星《天工开物（第三卷）》，甘肃文化出版社，2003 年，第 422 页。

图 3-4 ~ 图 3-6　图片来源：陈重远《老古玩铺》，北京出版社，2005 年，第 31 页。

图 4-1　图片来源：《北京志—工业卷，纺织工业志，工艺美术志》，北京出版社，2002 年，第 522 页。

图 4-2　图片来源：自绘

图 4-3　图片来源：http：//tw. myblog. yahoo. com/huacangyu/article?

mid = 6828&prev = 6829&next = 6664

图 4-4 图片来源：（明）宋应星《天工开物（第三卷）》，甘肃文化出版社，2003 年，第 422 页。

图 4-5 ~ 图 4-6 图片来源：北京玉器厂与哲学社会科学研究所合拍资料片截图

图 4-7 图片来源：http：//tw. myblog. yahoo. com/huacangyu/article? mid = 6828&prev = 6829&next = 6664

图 4-8 图片来源：北京玉器厂与哲学社会科学研究所合拍资料片截图

图 4-9 图片来源：http：//tw. myblog. yahoo. com/huacangyu/article? mid = 6828&prev = 6829&next = 6664

图 4 - 10 图片来源：http：//tw. myblog. yahoo. com/huacangyu/article? mid = 6828&prev = 6829&next = 6664

图 4 - 11 图片来源：http：//tw. myblog. yahoo. com/huacangyu/article? mid = 6828&prev = 6829&next = 6664

图 5 - 1 图片来源：http：//www. soone. net/viewthread. php? tid = 2079&extra = page% 3D1% 26amp% 3Bfilter% 3Ddigest

图 5-2 图片来源：自拍

图 5-3 图片来源：http：//www. jade. cn

图 5-4 图片来源：自拍

图 5-5 图片来源：《说文解字》http：//www. gg-art. com/imgbook/index. php? bookid = 53

图 5-6 图片来源：《说文解字》http：//www. gg-art. com/imgbook/index. php? bookid = 53

图 5-7 ~ 5-20 图片来源：自拍

图 5 - 21 图片来源：http：//baike. baidu. com/view/463498. html? fromTaglist

图 5-22　图片来源：http：//www. te96. com/Abstracts/Eye/5148_2. html

图 5-23　图片来源：http：//www. nipic. com/show/1/73/a483ed7ca61ffd5d. html

图 5-24　图片来源：自拍

图 5-25　图片来源：http：//www. gongmeigroup. com. cn/ebusiness/gb/product_ detail. asp? catalogid = 5&productid = 17

图 5-26　图片来源：http：//www. gongmeigroup. com. cn/ebusiness/gb/product_ detail. asp? catalogid = 5&productid = 7

图 5-27　图片来源：自拍

图 5-28　图片来源：http：//www. hzjingwei. gov. cn/content/meishu/gb. htm

图 5-29　图片来源：自拍

图 5-30　图片来源：《潘秉衡琢玉画稿》，朝花美术出版社，1963 年，第 20 页。

图 5-31　图片来源：《北京志—工业卷，纺织工业志，工艺美术志》，北京出版社，2002 年，第 525 页。

致 谢

时光荏苒，从这篇博士论文完成到成书出版，不知不觉，时间又悄悄溜走了五年。我在慨叹时光匆匆的同时，也对曾经给予我帮助与陪伴的各位师长、家人、朋友充满感恩！

首先感谢导师许平教授！八年前到中央美院的时候，我几乎对设计理论研究的方法和视野没有任何特殊的感受。是许平老师睿智、穿越的理论敏感度和锐利、独特的思考角度给了我设计史论还可以用这样的方法思考和切入的启示，让我建立了对理论研究新的印象。如今，这已然成为我的终身事业，引领我未来治学的目标和方向。

回看自己的文章，我才发现论题的选定是经过老师审度我自身的学习背景和特质而悉心选择的方向。准备期间，老师亲自带领我一次次地深入访谈，对论文一次次地进行思想交流与碰撞；写作期间，老师不厌其烦地督促、提点以及被我认为是“折磨”的不断修正；修改期间，老师通宵达旦地修正、润色、提炼、鼓励；现在看来，都是为了能让我“炼”出论文的“舍利”。对于老师的引导和苦心，我不敢只用“感谢”两字回赠，还要用自己今后不断前行的使命感、态度和努力来回报。

感谢李博生大师及夫人钱岳生女士！本书缘起于和李大师的第一次邂逅与交谈。大师身上独特的气质和风范以及对于手工艺不同常人的思想征服了我，他对玉的痴爱以及“修身如玉”的人格信仰也直接激发我对本命题的确定。三年期间不断地跟踪访谈与研究，我和大师夫妇结成了忘年交一般亦师亦友的关系。所有一手资料都是在愉快的谈话中甚至是饭桌上得到的。师母钱老师不但也给予我适时的提点，还给我们提供了舒适的空间、可口的饭菜。

感谢文章准备期间北京工美集团唐克美老师，中央美院王敏教授、谭平教授、中国艺术研究院吕品田教授、南京艺术学院袁熙旸教授的珍贵建议！

感谢南京艺术学院邬烈炎院长、吕斌书记、袁熙旸教授、熊嫕老师。论文成文时我还是南京艺术学院的一员，如今，书稿付梓，又是邬烈炎院长积极促成本书的出版。虽然我现在调离南京，但我依然为曾经是南京艺术学院的老师而感到骄傲，这种归属感终将伴随我一生。

感谢鲁迅美术学院院长韦尔申教授及美术史论系的宋玉成主任，我的新事业的起点在他们的帮助下得以开始。

中央美术学院理论部（LLB）的兄弟姐妹，学术沙龙时的思想交流和欢声笑语将会成为我三年间最美好的回忆。同届师门“五花”姐妹的相互安慰鼓励，熊嫕的远程经验提点，周博的无情“拍砖”，都是推动文章完成的动力。

感谢东南大学出版社的许进编辑，能让书稿文字流畅顺遂，书籍文气质朴。

最后感谢我爱的家人！丈夫、父母、公婆，还有我的女儿。他们为我提供了身体与心灵的家园，默默地给予我无尽的支持和力量，让我的生活充满各种温暖的质感和细节。对此，我将铭记于心。

鲁迅美术学院

苏　欣

2014 年 8 月于沈阳